架构师
修炼之道

思维、方法与实践

张云鹏 | 著

电子工业出版社
Publishing House of Electronics Industry
北京·BEIJING

内 容 简 介

架构设计是互联网后端开发人员必须具备的一项重要能力。大多数开发人员都是通过实际项目来培养架构设计能力的。这样的学习方式对项目本身的复杂程度依赖较重，而且会增加学习的时间。

在本书中，作者结合多年的架构学习和项目开发经验，总结出一套架构学习的体系，从技术方法、思维意识、工具等方面讲解做好互联网后端架构设计的相关知识。通过相关知识的学习，读者能够掌握设计稳定、易维护、易扩展的软件架构的方法，也能够提升日常维护已有项目的能力。书中讲解的技术方法具有通用性，在其他非互联网行业的软件开发中，也具有借鉴意义。

本书介绍的架构设计方法主要适合以下读者：

* 从事互联网后端开发的工程师；
* 从事互联网行业的产品经理；
* 即将加入互联网行业的新人。

未经许可，不得以任何方式复制或抄袭本书之部分或全部内容。
版权所有，侵权必究。

图书在版编目（CIP）数据

架构师修炼之道：思维、方法与实践 / 张云鹏著. —北京：电子工业出版社，2020.9
ISBN 978-7-121-39380-8

Ⅰ. ①架… Ⅱ. ①张… Ⅲ. ①软件设计 Ⅳ. ①TP311.5

中国版本图书馆 CIP 数据核字（2020）第 148993 号

责任编辑：陈晓猛
印　　刷：天津嘉恒印务有限公司
装　　订：天津嘉恒印务有限公司
出版发行：电子工业出版社
　　　　　北京市海淀区万寿路 173 信箱　　　　　邮编：100036
开　　本：787×980　　1/16　　　印张：17.25　　　字数：386.4 千字
版　　次：2020 年 9 月第 1 版
印　　次：2020 年 9 月第 1 次印刷
定　　价：99.00 元

凡所购买电子工业出版社图书有缺损问题，请向购买书店调换。若书店售缺，请与本社发行部联系，联系及邮购电话：（010）88254888，88258888。
质量投诉请发邮件至 zlts@phei.com.cn，盗版侵权举报请发邮件至 dbqq@phei.com.cn。
本书咨询联系方式：010-51260888-819，faq@phei.com.cn。

序 一

现如今，海量服务之道并不是一个非常时髦的话题，这十几年在 FAANG、BAT 等大厂工程师、架构师的努力下，海量服务的实践和理论已经基本成熟。但在这本书之前，我并没有看到如此系统、全面、深入的总结，owen 的《架构师修炼之道》是我见过的海量服务之道方面的最佳阐述。

时间回到十几年前，2003 年～2006 年，海量服务的能力对于腾讯是生死攸关的，那时候 QQ 的在线人数开始进入千万级别，但当时研发的基础土壤十分贫瘠，没有 CI/CD，没有 K8S，没有云，没有 SSD，没有 KV，所有数据库的性能都非常非常弱，没有 RPC 框架，连 epoll 还只是一个内核补丁。那时，我们的手里只有 Linux 和 GCC，还有 vim。QQ 后台就是在 Linux+GCC 之上构建起来的。非常原始的研发环境需要有更高超的技术和方法论，这里高超的技术指的是程序员的核心能力，包括计算机基础、数据结构、算法、逻辑、思维严谨性、大脑虚拟机的存储和计算能力等；这里的方法论指的就是架构师必备的海量服务之道。

时间来到 2006 年～2008 年，腾讯内部组建了海量服务之道非正式小组，基本上都是各 BU 的核心研发负责人，在 CTO 张志东的带领下，开始总结海量服务之道。我当时是 QQ 后台的负责人，也在海量服务之道核心小组里一起参与整理输出海量服务之道。我们一起整理出了 8～10 门的课程，例如"大系统小做""灰度发布""一切尽在控制""柔性可用"等。基本上这一系列方法论构成了腾讯当时的屠龙术。

之后，我内心出现了一个疑问，腾讯的屠龙术对于其他中小互联网公司是否同样适用？直到后来，我来到了富途担任 CTO，当时富途还是一家小公司（全公司一百多人）。一切尽在控制、过载保护、灰度发布、立体监控、柔性服务等方面，海量服务之道的方法论在富途也完全适用。这里大家可能会有疑问：小公司业务容量压力小，为什么需要做过载保护？事实情况是：哪怕你的系统每秒只有几十个请求，也是可能出现过载的。如果没有做好保护，一旦出现过载，服务就会雪崩、完全不可用，服务的恢复也是完全不可控的，服务什么时候恢复完全听天由命。这都是我实实在在经历过的，不单在 QQ 后台，也在微信后台，也在富途。

在这一系列海量服务之道方法论中，最让我感兴趣的是"一切尽在控制"和"过载保护"，这两项也是海量服务入门必备的技术。其中"一切尽在控制"是后台开发区别于前台开发的核心，前台开发本质上是体验驱动或测试驱动的，而后台服务并没有交互界面，而且通常也只是简单自测并没有严谨的测试环节。这就需要后台架构师具备"一切尽在控制"的能力。"过载保护"谈的是服务雪崩，在解决服务雪崩之前，我们需要给雪崩做一个严谨的分类和定义。

我曾经在 QQ 后台和富途与 owen 共事，owen 技术功底深厚，而且能够长期保持在技术前线，让我好生羡慕；在看到本书书稿之后，owen 的文字水平也是令我羡慕的。

ppchen（陈伟华）

序 二

十多年前，我本人从传统行业的 IT 部门跳槽到腾讯 QQ 后台团队，当时对互联网服务集群的架构设计完全没有概念，初次接触到互联网后台服务集群，对比自己之前接触的 IT 系统，差异很大，可以说颇感震撼，这种震撼的感受构成了我对架构的初始印象，主要有以下几点：

互联网后台集群很多服务器，整个集群非常庞大。我之前所在的传统行业，一个业务就简单直观地分一下前中后等模块，每个模块一台机器，重要的模块通常会有双机热备；前期的开发工作是大头，开发测试完上线，似乎技术人员的主要工作也就完成了，开始转战下一个项目。而互联网服务上线只是开端，后续的技术运营工作才是大头。常态化的故障处理就是我们主要的运营工作之一，如果故障影响到用户体验，我们会很紧张，要最快最优先地恢复对用户的服务。每个故障我们都要写报告、复盘总结、落实改进。很多架构与运营经验就来自多年的故障复盘与总结，只有亲身参与其中，在凌晨的办公室焦头烂额过才可以谈互联网服务集群的架构。

我早期所在的传统行业的 IT 系统，因为服务器数量少，或者业务场景比较简单，或者主要面向内部训练有素的用户，所以故障会比较少，主动的细致监控很缺失，我们基本上把自己负责的模块当作一个黑盒来看待，意识差一点的同事可能对待的态度是：能跑就可以，不怎么深入关注内部的运行情况。加入腾讯后，后台服务的监控系统让我耳目一新，每种 cs 请求的每分钟的发起量/成功失败量、系统层面的 CPU 使用率、系统调用的次数等，通常一个模块会有多达 200 个左右的监控曲线、十几个告警设置，外加滚动的日志文件。而且当时团队的要求是：每天早晨到公司第一时间观察自己负责模块的监控曲线。多年后，我个人形成了一个认知：监控是架构和技术运营的第一要素，监控系统是第一基础服务。

在进入腾讯 QQ 团队前，我基本上就是使用数据库、消息队列等现成的组件进行软件开发。进入腾讯 QQ 团队后，我发现有很多更深入底层的"轮子"和实践机会。例如我们会把热点数据都缓存在共享内存里，自己组织和管理内存；我们会自己管理文件空间，甚至是磁盘裸设备。我们会仔细设计链表内存块的划分大小，最大限度地减少内部碎片和外部碎片导致的内存浪费；我们会仔细对比分析磁盘不同的电梯调度算法和文件系统的选型。这些也构成了架构设计的很大一部分工作。

还有就是量化分析，尽可能地量化分析。我们会做详细的设备预算和容量管理，要求准确知道每个模块的单机容量；当发生故障影响用户体验的时候，我们要第一时间量化清楚影响了多少用户和比例；我们会量化分析我们服务的可用率，是 4 个 9 还是 3 个 9。以至于经过多年的职场后，我认为量化思维和量化沟通是最关键的职业化素养之一。

以上是我最开始感受到的互联网服务架构的概念和印象，应该说当时整个行业还比较新，可以借鉴的经验和思想比较少，我本人也懵懂，这样的感受会显得比较幼稚和粗糙。

我后来的 10 多年工作中很多时候都与架构问题打交道，我一直觉得需要一本书，能系统地把互联网后台集群架构思想和案例沉淀分享出来。所以当本书作者 owen 把书稿交给我并邀请我写序的时候，我是非常欣喜的。

作者 owen 亲身参与了多年的腾讯 QQ 后台团队和富途后台团队的架构与技术运营工作，他非常幸运，有这样的一个靶场，能够实操具体的问题和场景。作者同时也是很有心的人，多年的坚持和一线的参与，点滴深抠并汇总成书。

本书优点主要体现在以下三个方面：

- 全面和详细地介绍了互联网服务集群架构的方法论和团队的思想意识建设。
- 所有知识点来源于作者亲身的工作实操，辅助以具体的例子，形象易懂，例如轻重分离中 Web 动态资源与静态资源分离的例子。
- 大量的量化分析，定量深入地介绍技术细节，例如常见的磁盘随机访问等操作的性能指标、限流的各种算法的解释等。

当然，除了业务规模大带来的架构复杂度挑战（例如高并发、海量用户海量数据等），还有业务本身复杂多变带来架构的复杂度挑战，后面这种情况也是很大很重要的一个课题，涉及如何提炼和设计业务中的概念/关系模型等问题，而本书侧重前者。

随着行业的发展，大集群架构方法论也不断地发展和完善，众多开源组件/框架和公有云似乎让好的架构和运营能力变得唾手可得，例如很多开发框架里面预理了过载保护/熔断/降级的能力，开发者直接用就可以。但作为互联网服务架构师，对方法论和技术知其所以然、深刻理解并能灵活运用依然是非常重要的。而这本书能够给到读者一个系统的参考。

Bisonliao（廖念波），腾讯前技术专家，互联网技术老兵

前　　言

为什么写这本书

架构师是许多互联网开发工程师的职业目标，然而一步步修炼为架构师却并不容易。

回想从事互联网开发的十余年经历，在架构方面的成长，主要得益于所处的团队的良好氛围和众多项目经历。在职业生涯初期，加入了 QQ 后台团队，遇到了很多互联网行业中技术能力顶尖的前辈。通过他们的无私传授，吸收了许多成熟经验，拓宽了知识面，学到了很多书本上没有的架构知识。同时参与了多个大型项目的研发，通过解决实际问题锻炼了能力。每一次实战都加深了对架构知识的理解，领悟了许多架构设计的道理。此外，还学习了许多架构技术之外的非技术知识，为日后成为架构师奠定了坚实的基础。

最近几年，在培养新人提升架构能力时，发现大家很努力，但是架构设计能力成长却并不明显。大体有两个原因：一方面是通过实践学习架构知识的机会越来越少。随着公有云技术的发展，大家可以轻而易举地实现一套成熟的互联网业务。大家在系统层面遇到架构问题的概率变小了，通过实践学习架构知识的路径也被拉长。另一方面，大家缺乏系统性学习架构的资料。很多新人反馈，平时阅读的内容，大都是介绍某种技术的专业书籍，或者是某种具体场景的解决方案的文章，导致大家对于架构设计缺乏系统性的认知，在遇到一些架构问题时不知道如何解决，希望能够有一些资料系统地覆盖架构知识及其原理。因此结合本人多年的工作实践，系统整理了所学的架构知识，并阐述了架构设计背后的道理，最终汇集成一本书。希望新人通过阅读本书，学到一些架构方法，在遇到问题时能够有的放矢，找到解决问题的方向。具有开发经验的读者，通过阅读本书能够领略技术背后的道理，举一反三，提升解决实际架构问题的能力。

本书是对互联网研发工作的阶段性总结，把已有的知识记录下来，然后放空自己，继续前行。本书也是对从前帮助过我的前辈们的一种致敬，作为一种感谢的方式，通过本书把知识传递下去，希望能帮助更多的人，把帮助新人成长的精神传承下去。

主要内容

本书主要讲解架构设计的思维和方法，同时介绍提高架构稳定性的工具。最后通过架构设计案例来加深读者对理论知识的理解。

架构简介：介绍架构的基本定义，对其有一个明确的定位。

架构设计的技术方法：介绍设计互联网架构用到的主要方法，读者通过这部分内容可以了解具体的技术方法，并可以在日常的架构设计中借鉴，提升软件架构设计能力，优化项目。

架构思维意识：介绍架构设计思维的本质，使得架构师在不同技术环境、不同时代背景下，都能设计出满足需求的架构。

善用工具：在算法、流程和文化等方面，介绍一些好用的工具。合理运用这些工具，可以达到事半功倍的效果。

案例剖析：列举在实际架构设计中的案例，通过案例加深读者对理论知识的理解。

由于各个章节的内容是相对独立的，读者既可以按照章节顺序来阅读，也可以根据需要选择感兴趣的章节阅读。

适合读者

本书主要适合**互联网初中级后端开发人员**，书中的方法大都是从工程实践中获得，并经过实际验证，能够有效地解决业务问题。通过本书能够对架构技术的理论知识框架有所了解，找到学习方向。读者可以根据自己的实际能力，侧重学习架构技术方法，或者提高架构思维意识。

本书也适合互联网行业的**产品经理**，为了说明架构设计的道理，本书尽量用通俗简单的方式讲解理论知识。产品经理通过本书，可以学习到架构技术的一些基础知识，在撰写需求文档、设计互联网产品时，起到约束需求和规避风险的作用。例如在灰度升级和柔性的章节中，会说明在系统异常情况下，如何保证用户的基本体验——需要在产品和用户教育上进行方案设计。关于互联网架构设计心得的其他部分，对于产品经理或其他互联网相关从业人员，同样具有借鉴意义。

本书还适合即将加入互联网行业的**新人**。书中的知识和案例都来自对实际项目的总结。刚入行的新人可以重点关注书中的案例，对互联网行业有一个初步的认识，了解架构设计的基础知识，在以后遇到类似的情况时，明确解决问题的方向。

勘误与支持

由于个人能力有限，书中难免有疏漏之处，欢迎读者批评指正。如果对书中的内容有疑问或者建议，可以通过扫描二维码关注微信公众号"owenzhang"与我讨论。

致谢

感谢博文视点的陈晓猛编辑，为本书的出版付出了很多，在他的督促和帮助下本书才得以顺利完成。

感谢家人的支持和鼓励，让我专心完成书稿。

感谢 ppchen 为本书写序。ppchen 分享过很多领域的知识，从海量服务的课程，到许多基础学科的总结及观点。通过这些分享，我学习到很多新知识，开阔了眼界，提升了基础能力。

感谢 bison 的指导和帮助，bison 对于技术的追求和深入研究的精神，一直都影响着我。

感谢陈国林对本书的推荐，在项目管理和团队管理方面给我提供了很多学习的机会和建议。

感谢 troy 对本书提出的修改意见。troy 在工作中的热心态度和充满正能量的精神，一直都值得我学习。

感谢 spray 的教导和帮助。从技术知识到工作方法给予了我很多帮助和支持，为我在职业早期奠定了良好的基础。

感谢曾经所在的 QQ 后台团队和所有共事的同事。我在团队中历练了技术能力，培养了职业精神，受益终身。我为曾经加入过这个富有激情和充满实力的团队而感到骄傲。

最后衷心希望本书能够帮助读者设计出好的架构，成为优秀的互联网架构师！

张云鹏

目　　录

第三部分　架构思维意识

第四部分　善用工具

第五部分 案例剖析

第一部分　架构简介

在讲解如何成为架构师的方法之前，我们需要对架构的定义和架构的范围有清晰的了解。

- 架构是什么？
- 架构设计的目的是什么？
- 互联网后台架构的范围是什么？
- 在互联网后台领域，架构的本质是什么？
- 要成为一个合格的架构师，要做到哪些方面，注意哪些问题？

对这些前提问题有清晰的了解，在后续学习中才能有的放矢。同时，了解清楚这些问题，会对书中的内容有更好的理解。

第 1 章   架构简介

1.1   架构的定义

架构（architecture）一词最早来源于建筑学，是指在建筑上如何依靠内部的支撑物，互相结合从而稳固构造的方式。架构师（architect）是负责架构设计的角色。

以下内容引自维基百科，是教科书式的定义：

软件架构是有关软件整体结构与组件的抽象描述，用于指导大型软件系统各个方面的设计。

软件体系结构是构建计算机软件实践的基础。与建筑师设定建筑项目的设计原则和目标作为绘图员画图的基础一样，软件架构师或系统架构师陈述软件架构以作为满足不同客户需求的实际系统设计方案的基础。从与目的、主题、材料和结构的联系上来说，软件架构可以和建筑物的架构相比拟。

软件架构是一个系统的草图。软件架构描述的对象是直接构成系统的抽象组件。各个组件之间的连接则明确和相对细致地描述了组件之间的通信。在实现阶段，这些抽象组件被细化为实际的组件，比如具体的某个类或对象。在面向对象领域中，组件之间的连接通常用接口来实现。

如同建筑中的架构是支撑建筑整体稳定性的基础，软件架构是支撑软件整体稳定性和功能的基础。在架构层面要做到抽象，抽象出软件的基础逻辑，供软件开发工程师实现软件功能——各个组件间是如何通信的，如何组装成软件的整体结构。各个结构模块互相配合，实现业务逻辑，最终实现软件的功能。

在互联网后台领域，**架构**是对后台系统的结构进行抽象。互联网后台架构设计包括系统提供的能力和边界，系统实现的原则；抽象出各个模块负责的功能，定义模块间通信的方式，描述如何通信，以及处理的流程和逻辑，最终实现系统功能。

下面以实现简单的个人博客系统为例，描述互联网后台的架构设计。

该系统提供的能力是以网页形式展示博客主页（个人博客，仅供日常分享和好友之间互动）。一般 QPS（Queries-Per-Second，每秒查询率）不会超过 100。架构图如下图所示。

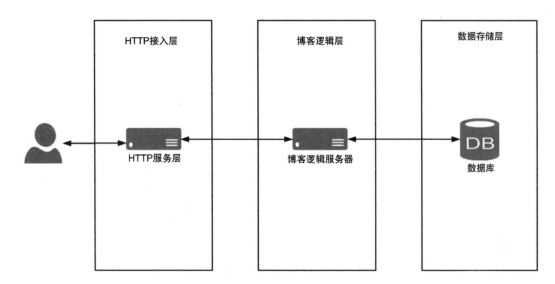

架构层面把博客分为 HTTP 接入层、博客逻辑层和数据存储层三个模块。把一个博客的完整功能架构抽象为三个模块通信的架构。系统的能力边界为：提供的能力是支撑个人博客，每秒不超过 100 的访问量。

在实现阶段，再把这些模块替换成具体的实现组件。例如 HTTP 服务器用 Nginx 实现，逻辑层用 WordPress 博客系统实现，数据存储层用 MySQL 实现。

通过架构设计，制定系统抽象层面的本质和要遵守的原则。在工程师具体实现时，把模块用具体的组件替换——类似于计算机高级语言中类与实例的关系。抽象的存储层相当于类，实际使用的组件（例如数据库 MySQL 或 HTTP 服务器 Nginx）相当于类构造出的实例。

业务需求影响架构服务能力的边界，进而影响架构设计方案。

边界是前提，不同的边界意味着提供不同的服务能力，对整体的架构设计也会有影响。

例如，上面说的个人博客系统，边界是 QPS 不会超过 100。如果是一个明星的互动页，有很多粉丝，要求 QPS 峰值达到 10000，而且粉丝遍布全国各地，要支持用户快速访问，那么架构就需要调整，和上面的简单个人博客相比，会复杂一些。为了加快各地用户的访问速度，会把图片和静态资源单独放到 CDN 上下载，多地域接入。为了数据安全，也会有数据层备份。为了支撑更大的 QPS，还要增加缓存层。

明星的互动页架构图如下图所示。

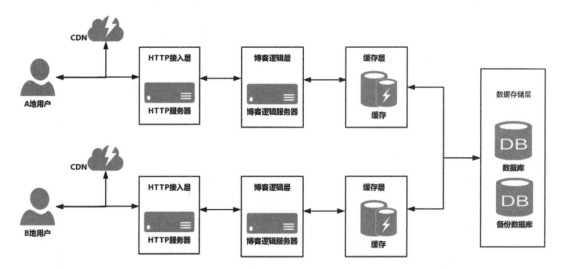

如果要做成类似新浪微博这种亿级用户访问的微博系统，则需要的 QPS 值更高，对高可用性要求更高，架构设计方案和实现方式也会更复杂。甚至其中一些模块的架构图，其复杂度都超过了上面两幅完整架构图。

通过上面的两个例子，我们对架构设计有了一个整体的认识。类似的功能，需求不同，架构设计的方案也不同。要实现更强大的功能，设计方案和实现方式也会更加复杂。在本书的后面章节，会讲解更多设计复杂架构的方法。

1.2 对架构师的要求

互联网架构师是后台软件系统的设计者，维基百科中对架构师的描述如下：

架构师是软件开发人员中的专家，负责制定高级设计方案并制定技术标准，包括软件编码标准、工具和平台。架构师与客户商谈概念上的事情，与经理商谈广泛的设计问题，与软件工程师商谈创新的结构特性，与程序员商谈实现技巧、外观和风格。

　　一个架构师需要有广泛的软件理论知识和相应的经验来实施和管理软件产品的高级设计方案。架构师定义和设计软件的模块化、模块之间的交互、用户界面风格、对外接口方法、创新的设计特性，以及高层事物的对象操作、逻辑和流程。

　　在互联网后台开发领域，架构师不仅是架构设计和技术标准的制定者，也是实现软件目标的职责人。

　　架构师的作用很大，设计好的架构能够保证支撑业务的正常使用，稳固地提供优质的服务。

　　架构师也面临很大的挑战。互联网业务是逐步演进和变化的，和建筑业相比，变化会更多，周期也更短，但互联网架构修改的物理成本相对于建筑会低很多。

　　由于互联网行业的特点，一个架构师要承担的角色非常多——有时是一个软件设计师、程序员；为了项目能够顺利执行，有时还要充当项目经理、产品经理的角色；有时还是团队的管理者，在日常维护阶段还要懂运维……几乎所有和研发相关的角色，一个架构师都要有所涉及。架构师类似于乐队的指挥，要对方方面面都熟悉，乐队才能演奏出美妙的乐章。

　　架构师最终要对交付系统的质量和后期维护负责——保证软件按时交付且质量稳定，后期易于维护。在互联网业务上，交付只是起点，架构师还要在软件上线之后的业务场景中，保证后期维护出现问题能够快速恢复，维持业务稳定，也要保证架构能够快速升级。

　　架构师对用到的软件技术要完全掌握并能够熟练驾驭这些技术。对运营环境、架构分布关系充分掌握，在出现问题时能够快速定位并处理问题。而且为了保证按时交付，还要会沟通懂协作，能够把一个项目从纸上的设计，按照既定要求落实成服务于用户的实际产品。

　　通过上面的讲解，可能还不够直观。我们还拿建筑行业来类比，理解对互联网架构师的要求。

1. 设计抽象架构，复用组件

架构师要解决系统抽象的问题，并决策解决这些问题要选用的实际组件。

建筑设计和互联网后台架构设计都是可以高度抽象的。在建筑行业里，建筑架构设计是为了保证支撑物互相结合、建筑稳固。而且在建筑设计实现中，不是所有建筑组件都要从头建造和搭建。不同的建筑，在外观和结构上可能不同。但是对于一些组件，例如楼梯、窗户、电梯、门等都具有一套通用的标准，在市场上都能够买到符合标准的建筑组件。从而在建设的时候，直接复用这些已有的设计组件，就能够快速搭建起图纸中的建筑。而且可以很容易把不同制造商的组件结合到一起使用，只要都遵循已有的标准接口即可。组件的复用加快了建筑的建设。在软件架构领域，也有类似建筑行业的标准组件，例如网络开发框架、存储系统、功能软件等相当于建筑业的组件。它们都符合互联网行业的标准，例如支持 HTTP、支持 SQL 查询等标准。要求互联网架构师和建筑设计师一样，能够复用已有的设计成果，通过不同组件的组装，达到"搭建"互联网业务功能的目标。

无论建筑行业的架构师，还是软件行业的架构师，都要对所负责项目的具体环境、产品要求了如指掌。然后根据外界提出的需求，选择适合的组件。例如建筑行业，在北方盖房子和在南方盖房子，由于温度的差异，对于保暖属性的设计和选材就要有所差别。即使是外观相同的建筑，架构方式也会有差异。同样，在互联网行业，即使都是一个存储业务，存储小文件（都是图片类的文件）和存储视频类的大文件，设计方案也会有所差别。没有万能的解决方案，架构师了解组件特性，对产品需求了然于胸，做到真正地理解架构和需求，才能针对需求最终研发出让用户喜爱的产品。在建筑行业、互联网行业，对架构师的要求都是如此。

2. 扩展已有系统

架构师要在已有系统设计的基础上扩展系统功能。

除了从头开始设计建筑，有些时候还要对老建筑进行翻新和升级。既要保留老建筑的样貌、特色，还要把当前的新技术添加进去。例如对于一些古代建筑，要铺设电路，安装照明电灯，有时甚至要安装电梯，但是不能破坏老建筑的外观和结构。在建筑行业，架构师都实现了这些需求。

在软件开发中也有类似的现象——要使用已有的组件来构成交付的软件，复用已有的组件功能。有时还要增加一些从前没有考虑到的功能。

在软件的整个生命周期中，最长的环节不是开发软件，而是维护软件。在维护的过程中，对已有功能进行升级，扩展软件的能力——和建筑中的老建筑升级有很大的相似之处。但是在互联网行业中软件升级更频繁，要求工期也更短。

1.3　互联网架构的挑战

互联网从建立之初，就以开放和免费作为基础。大多数互联网产品都是免费的，公开在整个互联网上，供全世界网民随时访问。这样就导致互联网产品的特点是访问量大、用户量多。某些产品会有上亿用户来同时访问，偶尔还会由于热点事件而在瞬间聚集很多的访问请求。例如，春节除夕夜，大家都热衷于微信抢红包，导致微信在 2016 年除夕当晚的收发量达到 80.8 亿个，是前一年的 8 倍。每年淘宝的双 11，也都不断刷新着前一年双 11 的访问量记录。

这些特点导致对架构师有如下挑战。

1. 互联网产品访问量大，以分布式集群提供服务

许多互联网业务即使使用小型机或大型机，都难以在单机上完成全部处理请求。由于提供的大都是免费服务，所以互联网公司大都使用普通的服务器，单机处理能力有限。互联网服务大都是分布式服务，通过集群来对外实现整体服务能力。很多单机软件在开发过程中遇不到的问题，在分布式系统设计中都要考虑。例如，单机软件调用一个函数，结果是确定的，要么成功，要么不成功，而且大多数返回迅速。但是在分布式系统中，由于网络通信原因，可能长时间没返回——不确定是被请求方没有收到，还是收到了执行成功，但返回时丢掉了应答。在分布式服务中，对一个接口的访问结果，有时是不确定的。不确定性增加了系统的复杂度，要考虑重试、幂等等情况。

2. 互联网产品开发节奏快，竞争激烈

互联网产品的免费和开放，导致用户的迁移成本也比较低，整个行业的竞争也比较大。用户会主动选择运行稳定、功能创新的互联网服务。互联网产品必须经常创新，或者在竞争对手创新后，要及时赶上。"天下武功，唯快不破"，互联网产品应该快速支持需求。

客户端软件的升级，因为需要用户配合主动升级，所以有时新版本覆盖速度会很慢。相对于客户端，服务端的升级和修改更加可控。对互联网后端来说，在适应客户端、快速支持业务扩展方面，都提出了更高的要求。为了能让用户升级方便，有时即使实现复杂，也让服务端来尽量满足要求。

互联网业务的后台更多的是承载用户使用软件的云端能力，要求能够对数据进行远端存取，业务逻辑能够平稳升级，数据安全可靠……互联网后台要以服务的方式提供自己的能力。

快速提供稳定的访问能力，并且不断满足用户提出的新需求，既是对互联网产品的要求，也是对架构师提出的挑战。

服务好海量的用户，是架构师的一项基本职责。服务器（Server）之所以叫这个名字，也是具有这个意义的。

1.4 一切尽在控制

软件的设计、开发、维护的整个生命周期，涉及的组件众多，流程复杂，要保证最终交付的产品能够实现既定目标，对于架构师的职业素质要求很高。

如何才能成为一个优秀的架构师呢？一个优秀的架构师要做到"一切尽在控制"。

一切尽在控制，就是对业务架构、机器选型、机器性能、用户数据等一切对业务正常运行有影响的参数都有了解，并能控制住。大型的互联网业务都称为海量服务，开发阶段和实际使用阶段的环境相差很大，如果不能做到心中有数，对一切有所控制，当服务部署到运营环境中时，就会不稳定、不可控。

1. "一切"包括哪些方面

从功能到架构。在系统设计之初，要明确需求的优先级和问题边界，确定主要模块和核心业务流程。确定软件整个生命周期的每个环节（设计、开发、测试、部署、维护），哪些地方是重点？哪些地方是瓶颈？哪些地方在什么条件下会有问题？如果出问题如何应对？

2. 怎样做到尽在控制

控制分为宏观和微观两个方面。

在**宏观层面**，要对系统架构、整个系统的部署、流量走向成竹在胸。知道哪里是瓶颈，什么模块是主线逻辑，什么是分支逻辑，在关键时刻有所取舍；哪些地方对一致性要求高，哪些地方对可用性要求高。

在软件的大多数服务场景下，软件都是正常运行的。好的架构师和普通架构师的区别，主要是在异常情况下，如何做好应对处理，如何保证软件尽量少出现异常情况。好的软件架构能够保证容错、出错自恢复、尽力服务等。

一个好的架构师要在设计之初就考虑到服务的方方面面，能够对项目做好取舍，以实现需求的平衡。这里的取舍包括对架构层面在CAP[1]原则方面的取舍，对程序编码时间和空间的取舍，对软件开发功能和资源（时间、资金）等方面的取舍。

互联网服务大都建立在分布式系统中，要在 A（可用性）和 C（一致性）方面做取舍。取舍不是盲目的，要根据业务特点，在架构的模块功能上进行取舍。

例如，在需求评审阶段，架构师就要介入，对软件的功能需求进行取舍。因为除了有实现功能所花费的时间，还有为支撑这些功能的海量服务所花费的时间。某个需求在产品经理的角度看是一个简单的功能，但在架构师的眼里，还要计算为这个功能实现多地部署、数据一致性、容错性所花费的时间，最后实现的可能就不是一个简单的功能。

在程序设计上，根据用户对处理时延的要求，来决定时间重要还是空间重要。在编码时对数据结构也会有所取舍。

在软件开发过程中，一般最紧张的资源是时间。在笔者经历过的众多软件开发项目中，每次都觉得时间不够用。因为中国的互联网市场对时间的要求很高，所以架构师要根据时间，确定需求的优先级，保证在有限的时间内实现产品功能，最大化地提升用户体验。

除了要考虑需求和实现软件的正常功能，还要考虑各种异常情况的处理。用户在异常情况下的反应如何？系统是否能够让用户在异常的时候自助，或者通过降级服务处理使系统自愈？

在**微观层面**，要对技术细节有所把握。例如决策哪些语言对模块的开发效率最高，实现方式最简单？每种机型服务器的性能如何？每个部署地点的网络架构是否合适？函数库的执行效率是多少？网络收发包的性能、磁盘内存的处理性能怎样？要在心里有一张数据表，对于用到的技术和服务器硬件的能力，做到充分的了解。在没有进行压测之前，就能够在头脑中用计算的方式，计算出系统的真实处理能力。

只有对这些都了解，才能设计出好的架构，并且知道是否能很好地实现相应的功能。

为了正常服务海量用户，架构师要提前把控全局，而不是遇到问题时才测试出系统的

1　CAP 原则又称 CAP 定理，指的是在一个分布式系统中，Consistency（一致性）、Availability（可用性）、Partition tolerance（分区容错性）三者不可兼得。

不足。一个合格的互联网架构师要经过很多知识的学习和经验的积累。

全部可控实现之后，才能继续提升架构的质量，进而化繁为简。如果一个系统过于复杂，想统揽全局则是非常困难的。架构师必须化繁为简，在相同的情况下尽量用简洁的方式设计系统，既方便可控，也易于实现和维护。

就像在设计领域，很多好的设计也是简洁的设计一样，在互联网架构领域，同样以简洁为美。因为简洁的设计，意味着普通人经过简单的学习就能够理解系统的设计，方便维护。

曾经听过一句话——普通的架构师，需要优秀的程序员；优秀的架构师，需要普通的程序员。这也从侧面反映出架构师设计出简洁架构对于程序实现的好处——前提是设计架构时对负责的一切都熟练掌握，一切尽在控制。

1.5　小结

本章介绍了软件架构的定义，通过和建筑行业的类比来理解软件架构的要求和目标。

架构师要面临一些互联网行业中的挑战：在互联网后台领域，大多数是分布式系统架构，为了满足用户量大、高并发的要求，还需要控制成本，需要通过集群处理海量服务。偶尔还需要处理突发请求，在极端情况下能够有所取舍，保证服务质量。

一名架构师要做到"一切尽在控制"——要求架构师在设计之初，就要对需求有透彻的理解。架构师能够在宏观方面，对整个架构的整体设计负责。在设计时，就对每个模块的作用、性能范围做出明确的定义，在异常情况下，保证整体的服务能力，舍弃局部的处理能力。在微观方面，对工具语言的性能要充分了解，以做出好的选择。对于CPU、内存、磁盘、网络等基础设施，要了解具体的参数配置，根据业务特点进行选型。在服务设计阶段就能够估算出需要的资源，进而才能化繁为简，最终设计出易于实现和维护的系统。

通过对本章的学习，我们对架构的定义和目标有所了解，知道了对互联网架构师的要求，明确了学习架构技术和意识的目标。

第二部分　架构设计的技术方法

互联网服务的研发要经过多个步骤，如下图所示。

在运营阶段会再重复以上步骤——因为会不断在已有的产品上研发新功能，增添新特性。

在传统的软件开发领域，称上面这种流程为瀑布模型，从需求设计到运营阶段都是一次性执行结束。但在互联网领域，运营阶段会继续增加新特性，"瀑布"嵌套"瀑布"，循环往复。

在这几个步骤中，架构师都会参与其中。架构师要做的工作比较多，既要设计系统架构，又要参与编码，充分理解需求，在上线部署时要参与运维部署的过程。每个环节都对最后交付的系统效果有深远的影响。针对每个环节，都有一些对应的架构设计方法，这些方法的实施效果决定了互联网服务最终的质量。

架构设计的技术方法包括切分与扩展、主动发现、自动化、灰度升级、过载保护、负载均衡和柔性。

以上这些方法贯穿了研发系统的全部流程，如下图所示。

接下来的章节，我们将具体介绍每种方法。

1. 切分与扩展

把整体架构切分成不同的模块，从而让架构具有扩展能力，这是互联网业务的基础要求，在设计阶段就要完成。

互联网类业务的最大特点就是"分布式"，设计架构时优先考虑的问题也是如何做到"分布式"。因为性能再高的服务器，在用户量增大的情况下，也会达到单机服务的瓶颈。在架构设计之初，就要保证设计方案具有"业务可拆分，架构可扩展"的能力。否则，当业务规模达到单机容量瓶颈时，就会导致没办法扩展，整体业务发展受限。在进行业务切分的时候，也不是随意切分，要合理切分。做到以上这些，才能在用户量猛增的时候，实现顶住压力的目标。

2. 主动发现

当进入程序开发阶段时，要实现完善的监控和告警的功能，以保证在运营系统的时候能够主动发现系统异常。

切分合理的架构和良好的扩展能力让业务有了"骨干"和"肉体"，监控和告警则让业务有了"神经"和"脉络"。

通过监控，我们能够在运营阶段看到程序内部的运行状态，监控业务是否健康。就如同一个人，即使拥有健壮的身躯，如果没有神经和脉络，在感染疾病时却全然不知，不能快速发现症结，天长日久健康就会受到影响。

系统服务也一样，在非正常状态下进行服务，用户体验会大打折扣，但是研发团队却全然不知，最终会影响产品的服务质量和口碑，导致用户流失。增加足够的监控和告警，能保证第一时间发现问题，这是互联网运营必备基础。

3. 自动化

在程序开发完之后，测试没有问题，开发就结束了吗？不是的，真正难的工作才刚刚开始。做到程序没有 bug，顺利通过测试只达到了"温饱"水平，离"小康"水平还有差距。

自动化是在部署阶段和运营阶段必须要满足的条件。否则，即使业务逻辑正常，理论上也具有扩展能力，但不能在短时间部署好服务，与互联网业务要求快速响应的标准还是有差距的。

为什么互联网架构需要自动化能力呢？因为分布式业务需要以集群的形式提供服务，涉及的服务器较多，功能模块也多，导致整体出问题的概率变大。如果再由人手动操作，则又会引入人为出错的概率，增大导致事故的概率。

例如，有些发布是有顺序的，或者发布要经过拉取函数依赖库、包编译等一系列操作，步骤少了或顺序错了都会导致发布不成功。人工处理这种烦琐、重复的操作容易出纰漏。

自动化的目标就是让人只做关键的决策类操作，决定一个操作是否执行，剩下的流程都由机器来按照既定步骤执行。如果是例行操作，那么当数值达到临界点时，程序直接完成，让服务实现高效运维、快速响应的目标。

4. 灰度升级

切分与扩展、主动发现、自动化都是让服务能够稳定运行的前期操作。当新服务、新功能上线时，要具有灰度升级的能力，来满足收集用户反馈和降低发布风险的要求。

灰度升级对于收集产品反馈、降低发布风险都有积极的作用。

收集用户反馈：有时实现方案不止一个，究竟效果如何，要分析用户的使用行为才知道。主动询问用户的成本比较高，而且正确性也很难保证。通过两种方案同时服务不同用户群，观察用户数据进行 A/B Test 是一种有效方法。

降低发布风险：互联网业务开发周期短，不可能像传统软件一样有充足的时间测试，为了减少程序 bug 对用户的影响，灰度升级也是部署阶段必须考虑的事情。业务启动后，怎么验证发布程序的正确性呢？靠测试，但是测试很难完全覆盖。而且一些性能类的线上问题，在测试环境中因流量小也很难发现问题。最好的办法就是放到线上环境中去验证，但是生产环境不是用来做实验的，于是引入了灰度升级的概念。灰度，即在黑与白之间有一个中间态。先发布一小部分功能，验证正确性没问题后，逐步放大，在符合预期后，最终全量发布。在验证软件程序正确性和对用户影响之间，寻找一个平衡。

5. 负载均衡

当业务服务海量用户，拥有大量请求的时候，在一个整体集群中，如何保证流量"雨露均沾"，不会造成流量请求"冷热不均"，也是一个难题。

如果互联网服务一直没变化，始终都保持同样的访问量和机器部署情况，那么是不需要负载均衡的。因为大多数互联网服务都是动态的，有时要加入新机器，有时要去掉老机器，有时又要灰度升级，有时用户访问量又会突发……当这些因素发生变化时，要想让集群的服务器、服务进程均匀分配，达到整体时延最低、效率最高，负载均衡是一个很有效的方法。

负载均衡的本质是调配控制访问流量的走向。调配流量的走向是控制互联网后台服务的基本保证和前提。所以负载均衡做得是否好，直接影响互联网服务的质量。即使在互联网服务稳定的时候，许多迁移和运维操作也都是建立在负载均衡基础上的。

6. 过载保护

当上面的步骤都做完后，业务在"正常"情况下就稳定了。

但事物是变化的，"人有悲欢离合，月有阴晴圆缺"，在互联网业务运营的周期中，有时会出现异常过载的情况。

当有热点事件发生时，突发的流量会导致服务出现过载。用户量太多，一下子导致容量不够，就会触发过载。最根本的解决方法是扩容，即把容量扩到能够容纳所有请求的程度。但这是不现实的，因为资源有限，不可能具有无限的资源以供扩容。另外时间有限，即使有充足的扩容资源，但是"远水解不了近渴"，当系统出现过载的那一刻，还是希望业务能对外提供服务，不能因为流量加大就全盘停止服务。此时过载保护就起到了作用。

过载保护要达到的目标：即使业务过载，也不能让业务垮掉，发生灾难。就如同电路中的保险丝，如果发生短路，则立即跳闸，保证电网中的其他电路正常。在一些生活服务类场景中，过载保护的思想也有被用到。例如，海底捞在周末顾客爆满，顾客都在门口排号等着进入，如果等不及就选择其他的餐饮服务。海底捞绝对不会让等待的顾客都冲到大堂里去，导致用餐环境拥挤，影响所有顾客的体验。虽然让一部分顾客坐在外面，限制了进入餐厅的用餐人数，甚至会导致等待不了的用户流失（有的顾客会去别家吃饭），但是已经排到号的人能得到正常的服务，对就餐环境满意。在饭店员工服务能力和就餐面积资源固定的情况下，尽量服务好能覆盖的客人。

过载保护就是要在过载的异常情况下，尽量提供可用的服务，保护系统不被压垮。

7. 柔性

虽然一个系统提供的服务种类很多，有许多条协议，但是一般情况下，20%的功能占用了用户80%的使用频率。每种功能的重要程度不同，当发生异常情况时，要有所取舍，保证主要功能能够正常运行，牺牲一些次要功能，让整体运行正常。极端情况下要"壮士断腕、弃卒保车"。

站在用户的角度，有些服务是"锦上添花"，有些服务是"雪中送炭"。如果服务都正常固然好，但在异常情况下，要实现必要的服务，不至于非零即一，一损俱损，导致整体不可用。就像木尺和钢尺，在遇到压力时，木尺折断，功能不可用；但钢尺柔软，弯曲一下再弹回来，恢复原状，又可以继续使用。保持柔性就是这个道理，要求系统要有回弹能力，不至于在异常情况下停止全部服务，还是要有核心功能可以满足用户的基本需求。

上面几种架构设计的技术方法覆盖了互联网业务研发的每个阶段，并不只是在固定阶段才起作用，也并不是单独用一项技术就能解决全部问题。要多种方法互相支撑、互相依赖，在互联网服务的整个生命周期内，融会贯通地把这些技术方法结合起来，才能构建稳定完善的互联网服务。

我们在本部分将详细介绍以上几种方法。

第 2 章　切分与扩展

互联网后台的架构设计中,架构的平行扩展能力是基础能力。因为互联网用户量巨大,即使使用大型机,单机也达不到能处理全部请求的能力。所以在面对大用户量、高并发的请求时,业务架构要做成分布式,在集群上提供服务。

分布式系统必须在请求量到达瓶颈时能够进行平行扩展,保证只要外部硬件资源充足,就能够无限扩容。同时,互联网业务的弹性特别大,除了会在短时间内访问量猛增,还要考虑在猛增后出现的收缩。既能扩容,也能缩容。架构模块具备合理的切分与扩展能力是实现服务自如扩张收缩的基础。切分是业务解耦的一种手段,扩展是业务部署的一种能力。我们在架构设计初期,就要完成切分与扩展的设计。

2.1　切分

要做到平行扩展,就需要对架构中的模块进行切分,把原本对外看似一个整体的部分划分成多个功能正交的模块。

可以按照数据维度和逻辑维度两种方式进行切分。

2.1.1　数据维度切分

数据维度切分是针对数据层有状态一类的模块进行切分的手段。

切分的方式有水平切分和垂直切分两种。

1. 水平切分

水平切分是指把业务模块按照数据的主键值来切分,实现扩展系统的能力。简单理解,就是把数据表中一行一行的数据,从水平方向切割开。例如,从前一个系统负责全量 100 万个用户数据,水平切分 10 份后,从前系统的逻辑不变,但是部署了 10 份,每份负责 10

万个用户数据。

水平切分的优点是切分开的单元都是独立的，不同的数据访问不同的系统，互相没有影响和干扰，相同主键值的数据都在一起，对于同一主键，处理逻辑和未切分前相同。

缺点是在做不同切分单元的数据聚合时，比较麻烦，要去不同的单元拉取数据，最终来聚合。

对数据主键的切分导致在一个单元中看不到整体需要的其他单元的数据，必须有一个整合层来获取数据进行汇总。整合层可以是一个单独的逻辑层，也可以是数据使用的调用方来汇总数据。

例如，使用 MySQL 存储用户信息，按照用户 ID 把不同的数据存储在不同的 MySQL 数据库中。如果每次都访问一个用户的数据，那么只要路由到对应的 MySQL 表中，就能够获取数据。如果要进行联表查询，不同的表分布在不同的数据库和物理机上，导致无法实现联合查询。例如查询整体数据排行前 10 名的需求，必须把每个库的前 10 名都找到，然后汇总多个库取到的结果，才能得到最终结果。

没有切分之前，数据存储在同一个库表中，可以利用 MySQL 的排序功能，直接排序，找到前 10 名。切分后，数据存储在不同的空间中，只能每个部分分别排序，然后汇总排序，类似于外部排序思想，加大了算法实现的复杂度。

汇总排序的逻辑如下图所示。

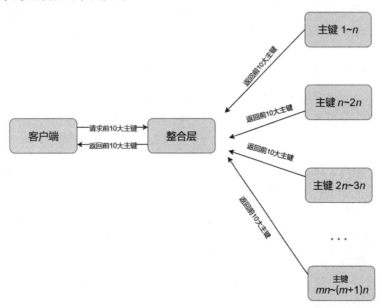

水平切分能够把业务的规模缩小，实现每个切分后的部分都具有整体的功能，从而使每个切分后的部分的规模更可控，对于**存储规模**和**业务规模**的控制也更有效。

1）保证存储规模可控

对于存储数据量很大的互联网业务，我们可以选择水平切分来缩小存储规模，把一些用单机存储不下的业务分为多份，保证每份都能够在单机内被存储。

例如，做一个支撑亿级访问量的即时通信产品的后台，就可以用数据维度的切分方式来进行资料存储。

由于用户量很大，所以还可以扩大分布的用户单位。例如，引入 Unit 的概念，让一个 Unit 对应多个用户 ID。

每个用户的资料以 ID 为 Key，每 10 万个 ID 号作为一个 Unit，一个进程服务若干 Unit。根据 Unit 的活跃程度、资料数量和访问量等对进程服务的 Unit 数量进行动态分配。

按 Unit 分的好处是扩大了细分的单位，让配置文件、代码更简洁，更大的单位更有利于统计。就像统计时间的单位不仅有秒，还有分钟、小时、天等单位。之前的每个 ID 就相当于秒这样的小单位，Unit 就相当于小时这样大一些的单位。

每个磁盘存储单元负责若干 Unit，也可以动态调节和分配。一般情况下，由于每个 Unit 包含的号码比较多，从全部的 Unit 的整理角度来看，每个 Unit 之间的负载和存储总量相差不大，单机的磁盘介质存储的 Unit 数量也更固定，很少需要变动。

2）保证业务规模可控

有时虽然单个存储能够存得下所有数据，但为了让业务逻辑可控，规模不至于很大，也会把数据水平切分为多个隔离区域，做到业务隔离，控制业务规模。业务规模在可控范围内，会大大降低由于扩大业务规模导致出问题的概率，让业务更稳定。

这种方案在游戏领域用得非常多。一款大型游戏会划分多个分区，每个分区的玩家数量是固定的，各个区之间几乎没有联系。当用户量增大时，只要扩容出对应的新区，就能满足新增用户的需求。

当出现问题时，只要把一个分区中的问题解决了，那么把方法复用到其他分区，整个系统的问题也就解决了——本质上是控制了系统设计中问题的规模，把问题规模限制在一个小的划分单位内，从而控制引入问题的概率和问题的影响。

总之，通过不断新增划分的 Unit 来解决整体规模不足的问题。通过解决一个 Unit 内的问题，再同步复用到其他 Unit 内，实现解决整体问题的能力。

2. 垂直切分

垂直切分和水平切分相比，可以理解为把数据表中的数据按照数据字段的维度纵向切分开。

垂直切分在复杂逻辑解耦方面很有用。例如，在上面列举的即时通信的例子中，由于是亿级访问量的系统，用户的并发数和每秒的访问总量都很大，仅用 MySQL 支撑不住全部服务，还需要在中间增加缓存层，加速前端访问。一般在缓存层会使用垂直切分的方法。

垂直切分的时候，也会按照数据把模块负责的功能切分开。例如，一个用户有 10 个字段，根据业务场景，把 3 个字段存储在一个数据库表中，把另外 7 个字段存储在另一个数据库表中。虽然它们都属于一个主键，但是根据业务场景，可以划分在不同的数据库表中。

垂直切分的优点主要有以下两个。

1）节约存储成本

因为内存的价格相对较高，在内存中缓存的数据并不是用户需要同时访问的。我们可以按照用户使用的频率，把不同的字段缓存到不同的内存中。例如，个人资料有几十项，但是对于昵称、签名档，访问量就比其他资料多得多。我们可以把缓存按照功能的场景来设计，针对同一个场景，过滤缓存在这个场景中需要的字段。

2）解耦复杂逻辑

不仅是存储，在业务逻辑部分，如果一个进程或模块处理多种功能，但多种功能之间是无交集的，就可以把它们分隔开，让每个进程或模块只处理单一的功能，降低程序复杂度。

当多个权重不同的、无交集的逻辑混杂在一起的时候，垂直切分后会大大降低复杂度。

例如，一个进程处理两种功能：一是修改用户的详细资料，对用户电话和地址等全部资料进行操作；二是快速访问用户简单资料（昵称、会员标记）。

在业务逻辑侧，一般修改详细资料的场景很少，该功能所在的入口也很深；但对于快速访问用户的简单资料，在每次登录时都要调用该功能。一个进程虽然提供两种功能，但两种功能被访问的次数和对服务质量的要求相差很多。把两种功能切分后，整体会更容易维护，也降低了两种功能互相影响的概率。

按功能维度切分存储如下图所示。

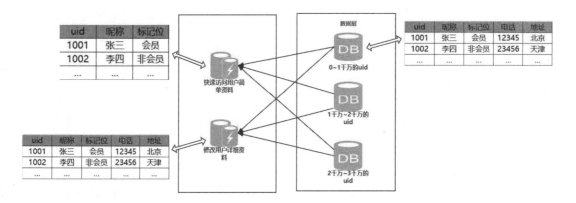

垂直切分的优点是让不同状态的数据相互独立、互不干扰。但也有缺点，数据会冗余存储，相同的数据会存储多份，大大增加了维护数据一致性的难度。

有状态服务的水平切分和垂直切分的优缺点对比如下表所示。

	优　　　点	缺　　　点
水平切分	将大量的数据分割为少量数据，处理规模变小	增加了聚合类数据操作的处理难度
垂直切分	不同功能的数据相互独立、互不干扰	有些字段会冗余存储,增加了维护数据一致性的难度

3. 实例——数据库分库分表

在日常使用 MySQL 开发的系统中，分库分表就是水平切分和垂直切分的实际应用。

当单个数据库实例达到性能瓶颈时，例如连接数过多、处理能力受限、存储容量不足、磁盘 I/O 达到瓶颈、内存不足等，都需要对数据库进行分库分表。

垂直切分：数据库表按列拆分，拆分后，数据库从一个数据列多的表变成了多个数据列少的表。

数据库垂直切分如下图所示。

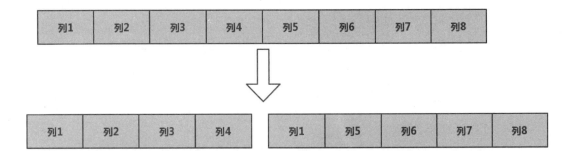

在拆分的过程中，由于可能存在冗余字段，所以按照以下原则进行切分。

● 　将不常用的字段放到一个表中；
● 　将 blob 等占用空间较多的字段拆分放到一个表中；
● 　将经常一起被访问的列放到一个表中。

水平切分：保持表的结构不变，把数据按行拆分，每个表的数据量变少。

数据库水平切分如下图所示。

列1	列2	列3	列4	列5	列6	列7	列8
列1	列2	列3	列4	列5	列6	列7	列8
列1	列2	列3	列4	列5	列6	列7	列8
列1	列2	列3	列4	列5	列6	列7	列8

列1	列2	列3	列4	列5	列6	列7	列8
列1	列2	列3	列4	列5	列6	列7	列8

列1	列2	列3	列4	列5	列6	列7	列8
列1	列2	列3	列4	列5	列6	列7	列8

把不同的数据行分到不同的表中，可以使用以下几种方法。

- 在规定范围内每一百万条数据分一个表，按照主键的值进行划分；
- 按照主键模表的个数取模后的结果进行划分，然后拆分到相应的数据表中。

通过将不同的表归属在不同的数据库中，存储在不同的物理节点上，达到消除性能瓶颈的目的。

无论采用哪种方法分库分表，都会影响实际数据库的功能范围。因为原本存储在一个表中数据库支持的操作，由于分库分表，在物理上具备了分开的能力，从前一些数据库支持的操作就不支持了。需要注意以下几点：

1）事务失效

由于数据分布在不同的数据库表中，原有的事务约束就消失了。可以通过乐观锁或者在外部加锁来模拟实现事务功能。实现的复杂度和直接使用事务相比，难度增加了。

2）分页、排序、统计最值等函数失效

由于数据分在不同的数据库表中，对于分页、排序、统计最大值/最小值等问题，不能调用数据库现有的函数直接得到结果，而是在逻辑层进行加工后才能够汇总出结果。一般是在每个分库中统计出结果，汇总后再整体比较，得到最终结果。

3）主键冲突

由于在物理上把原本一个表中的数据分散到多个表中，主键唯一的约束便不起作用，可能会出现不同表中具有相同的主键。如果在逻辑上不加以处理，便会出现问题。一般是为主键加上库表 ID 的组合来保证全局唯一。例如，第 1 个表中主键值为 2 的数据，在全局中的主键值为 1-2，第 2 个表中主键值为 2 的数据，在全局中的主键值为 2-2。这样两个在自己表中都为 2 的主键值，在全局中也不会冲突。

不过，已经有一些数据库中间件能够实现对分库分表后的数据表进行操作，对外看像操作一个数据表一样。

而且在云服务平台的数据库服务中，也都做到了分库分表并对外部调用屏蔽细节的能力。例如，腾讯云的 TDSQL 就实现了创建分布式实例的能力。架构师可以直接选用这些现成的工具，让系统直接具备这种能力，大大提高研发效率。

除了 MySQL，使用其他存储组件也可以利用分库分表的思想，把整体存储的数据划分为更小更细粒度的数据。

2.1.2　逻辑维度切分

高内聚、低耦合是软件工程中比较重要的概念，不仅是在写代码、函数封装的微观层面，在架构的宏观层面，同样适用这个原则。

我们要把具有相同逻辑的模块聚合到一起，把具有不同功能的模块切分开来。对于不同功能的模块区，分别进行架构设计和部署，降低系统的庞大程度。把逻辑正交分解，避免不同的问题互相掺杂在一起，导致系统不稳定。

我们以一款射击游戏为例，游戏用户可以在大厅中选择房间进行匹配，匹配后进入游戏界面，可以在商城中购买装备，可以参加活动抽奖。不同玩家可以通过邮件系统进行交流，赠送装备。同时具有排行榜功能，对玩家的消费和一些战绩进行排行。

如果以上功能都在同一个进程中实现，对于初次开发来说，可能会简单一些，或因为有些函数能够公用，部署时也不用考虑如何分配进程，从而实现快速研发。但是从长远扩展的角度看，按逻辑切分功能，然后分别开发部署的好处更大，后续长期维护也会更加轻松。

通过上面对这款游戏的逻辑描述，我们可以把这个进程拆分成多个进程。

（1）负责游戏玩法的核心游戏逻辑进程。

最重要的核心逻辑进程是玩家玩游戏的主要诉求，而且该进程的逻辑复杂，对于服务器资源的需求较多，单独部署在性能更好的服务器上，以保证游戏体验。

（2）负责购买游戏装备的商城进程。

商城是项目收入的主要来源，同样要保证稳定，而且要对商城购买力进行分析，数据记录要求尽量全面。日常程序更新频率相对游戏逻辑来说较低，配置更新较多。

（3）负责游戏内榜单的排行榜进程。

刺激玩家游戏的榜单更新频率较低，但是要稳定，可以缓存数据。对实时性要求不高的模块可以进行离线运算。相对于游戏进程和商城进程，可用性要求也没有前两者高。

（4）负责游戏内抽奖的抽奖系统。

要防止恶意刷奖，同时要保证抽奖公平。该进程多了很多安全性检测的需求，同时对数据分析要求较高，要具有数据同步功能。

（5）负责游戏的邮箱系统。

相对于上面的进程，邮箱系统的重要性没那么高，主要是系统通知用户获得了哪些物品等消息。保证邮件消息的串行性是主要难点。

（6）负责游戏的匹配系统。

根据不同玩法使用不同的匹配规则，修改频率较高，而且不同玩法的匹配规则不同。天梯系统要求玩家实力平均，可以牺牲等待时间；普通房间快速匹配要求快速，对等级不敏感；初级场可以匹配机器人，保证游戏体验。

经过拆分，原本单一的进程变成了多个按功能划分的子进程。同时，每个进程也可以扩充为一个模块，甚至服务。因为每个模块对资源的要求不同，使用频率也不同，最终导致实现方案和部署方案也不同。

根据每个子系统的重要程度，在开发资源冲突的时候也很容易进行取舍。优先保证产品的核心特性和对系统底层影响大的模块先开发。例如，首先是游戏逻辑进程、商城进程，然后开发匹配系统、抽奖系统，最后开发邮箱系统和排行榜进程。

随着系统的拆分，通信方式也会改变。从前在一个进程内，通过函数调用即可实现相关功能，拆分后，分属于不同进程，甚至在不同的服务器上，只能通过网络进行通信，需要把从前的通信方式都改为网络通信的方式。由于网络函数请求和单机相比，稳定性更差，所以需要增加更多的措施以保证服务可用。而且函数调用也不止成功和失败两种状态，还有超时等不确定的状态。另外，许多接口要保证幂等、重试不会出现异常……这些都是分布式系统对架构师提出的挑战。

2.1.3　切分的优点

通过对架构进行切分，能够带来哪些好处？

● **容易维护**

切分后服务的规模变小，把一个大问题变成了多个小问题，每个小部分出问题，只要聚焦一点解决即可。而且某个模块出问题，不会导致整体不可用。

- **方便团队并行开发**

  由于切分出众多正交的模块，不同的模块功能不同，可以分配给不同的成员进行开发和维护。每个人的负担少了，团队整体的效率提高了。

- **容易重构**

  如果整体都在一起，当修改一段代码时，则要整体编译、整体发布。而且为了稳定，需要整体测试。

- **复用组装**

  细粒度的模块包含一些公用的功能，上一层可以通过网络协议来调用，把不同模块组装在一起实现新的功能。

2.2　扩展

互联网行业变化速度非常快，要求在系统功能层面和架构部署层面都要不断地适应新的变化。

业务逻辑要具备扩展性，当出现新的产品形态时，能够在已有的业务逻辑基础上进行扩展，实现新功能，而不是每次都从头开发。这样才能保证可以复用从前的功能，快速实现需求。

在用户量变大、并发量变大的时候，需要扩展部署能力，以应对新的访问量的挑战。从前一台服务器能服务全量用户，随着用户增多，可能需要 10 台服务器，甚至一个 IDC 的服务器都不足以满足用户需求，要跨地域甚至跨国来部署。这种情况就要求在架构部署方面有很强的扩展能力。

2.2.1　部署扩展

1. 新老服务隔离

当服务难以支撑当前的用户级别时，采用的方式是复制一份和当前已经部署的一模一样的服务，并且与现有服务隔离。新增流量和已有流量是隔离的，互不干扰，相当于两个平行的世界，如下图所示。

就像游戏中的分区分服一样，当一个区的用户饱和时，会再开一个新区。玩家到新区必须重新创建新角色，与老的服务器数据完全没有关系。

一般对新区的寻址由客户端主动完成，扩容时不会影响已经部署的业务，出现问题也不会影响已有服务，相当于多个平行世界。

新老服务隔离除了在游戏类业务中使用较多，在存储类场景中用得也比较多。例如，移动的电话号段、QQ 的号码段。这种 ID 天然具有唯一性，并且数字化的主键最适合按号段扩展。当已分配的号码即将使用完，再搭建新的存储。新的存储只有新号段才使用，老的号段不会访问到。

一般业务都有自己的放号策略，先监控号码量是否接近警戒线，如果发现号码量不足，则进行新号段的放号，一次放一定量的号码。新增的号码段所需要的存储、逻辑层等服务，都有一个固定的模式，直接一次部署好，用测试程序测试没问题后，再把这部分号码对外放开，新号段的用户才会访问到这些新的服务，老用户无感知。

2. 新老服务混用

新老服务混用一般用于逻辑中间层或接口层。当现有的流量不够时，直接添加新的模块，扩充访问能力。这里的难点是要让新的客户端在无感知的情况下，能够把流量接入。大多数时候都不需要客户端做特殊处理，看到的入口还是和已有的一样，一般用于无状态的服务扩展中。新老服务混用的架构如下图所示。

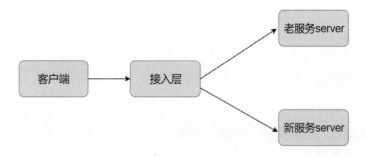

新服务和老服务一起并行,扩展时要考虑新增的服务是否和已经部署的服务是一致的。例如,有些服务是要申请权限的,可能新扩展的服务并没有申请,开通流量后会造成处理失败。所以在放量之前,要考虑该业务和已经在正常运行的服务的区别,是否一致。否则扩展后可能造成新扩展的模块不可用。

3. 新老服务隔离、混用兼具

在一个大型项目中,上述两种类型是混用的,在接入层和逻辑层使用混用的方式,利用负载均衡把机器加入已有集群,如下图所示。

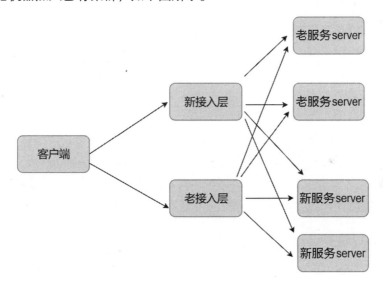

在存储层或有状态的缓存层,用隔离的方式进行扩容。上游服务访问时,根据号段来进行路由,寻找对应的存储层。

相比而言,无状态 server 要比有状态 server 好维护,如果能避免有状态,那么最好采用无状态方案。无状态的业务因为没有数据迁移的负担,所以减少了数据迁移的风险,相比有状态扩展更迅速、更稳定。有状态的服务可以收归合并,集中处理。

2.2.2　升级扩展

我们在系统设计之初,有时并不知道将来服务的规模,最初不会把系统划分得非常细,而是根据实际运营的需要来动态调整架构。对于已有的服务,如果扩展能力不强,则会牵扯调用方、服务方修改。由于不同方的业务中心不同，想同步升级进度，有时是很难调和的。

如果再涉及客户端，让用户进行升级，则会对用户体验造成很大的影响。所以，在设计之初，也要考虑升级扩展策略。主要考虑以下几方面：

1. 对外给予整合信息的接口，屏蔽底层细节

对外给予的接口，只需要外部提供最需要的信息即可，其他都由系统内部进行整合和推算，不要向外部暴露太多细节。

例如，一个拉取好友备注的接口有两种方式实现方案。

方案一：提供两个接口，第一个接口返回好友表的 uid 列表，第二个接口提供根据 uid 查询备注的功能。

方案二：提供一个接口，只提供要查询备注的主人的 uid。

相比之下方案二需要的信息最少，应该对外提供方案二的接口。虽然在系统内部，可能也是用方案一调用两次接口来实现的，但方案一对外暴露了太多信息，而且需要调用方记住调用逻辑。如果以后服务方进行底层升级，那么调用方还需要配合修改。在调用方看来，只是拉取备注，却提供了太多无关信息。

2. 保证接口具有区分版本的能力

随着服务的升级，接口需要的参数也会增加。对于不同版本的客户端，同样一个接口，需要提供不同版本的服务。

如果不提供版本兼容服务，则会导致每次升级功能都使用一个新协议，需要从头进行协议链路是否调通的开发和测试工作。如果协议具备区分版本的能力，则可以在已有的协议层面上进行扩展。

常见的方法是提供一个版本号接口，不同的客户端填写自己的版本号，并按照对应的版本填写参数进行调用。服务端先读取版本号，然后根据版本解析协议并进行处理。

也有些协议具备兼容多版本的能力，例如，二进制的 TLV 格式，T 表示类型、L 表示长度、V 表示数值，不同版本携带的类型不同。服务器根据协议内容进行解析，没有获取到的用默认值。后来出现的 Google Protocol Buffers 也是类似的协议，但做了更好的封装。

不过从以往的经验来看，最好在系统设计之初就考虑好协议的扩展性，尽量不要多版

本同时服务，否则时间长了会导致服务端的代码冗余，出现多个版本判断分支。长期看不利于代码的维护。

除此之外，对于有包含关系的接口，提供能力多的接口，也方便扩展。例如，需要查询一个用户是否具有某项业务的特权，最初就设计成批量接口，具备查询多个业务特权的能力。查询一个特权的能力只是特例，在以后有多个特权业务时，只需要修改参数，而不需要更改接口结构。

3. 调用方动态获取容易变化的部分

例如，客户端访问服务器的 IP 地址，要通过动态方式获取，在服务端进行升级的时候，能够让客户端无感知。否则需要多方一齐处理，既增加了维护的难度，又增加了升级的时间，对运营质量也会造成影响。

2.2.3　set 模型

如果我们要部署一款游戏的几个分区的服务，假设我们有一些性能特别强的服务器，每台服务器都能承载一个区的全部服务。下面哪种方案在维护性方面的表现更好呢？

方案一：在一台机器上部署一个区的服务。

方案二：在每台机器上部署一个单独种类的进程来整体负责所有区的服务。

答案是方案一更好。因为方案一中不同区的部署是解耦的，而且同一个区的进程间通信都是在单机内完成的，减少了跨机访问，从而速度也更快。

"set 化"就是把多台服务器组合成上面的那台性能特别强的服务器，让它们形成一个小集合，部署一整套对外的服务。set 模型是为了弥补单机能力的不足，对业务组合搭配的一个最小单元。通过 set 模型，能够让多个物理服务器或逻辑进程绑定在一起，对外看起来像一个进程一台机器服务一样。因为划分好 set 模型后，就能够根据机房、机架等物理设施，实现 set 内最快访问速度来优化部署。本质上是对服务的一种高内聚封装。

set 化部署类似于集装箱，让整体的部署只关心每个模块对外的整体逻辑，而不用深入具体的细节，屏蔽模块最内部的细节，让部署标准化、规模化、模块化。

之所以要进行 set 化部署，是因为大型的互联网业务需要的服务器非常多，大型 App

一般都要使用上万台服务器。

当业务快速增长的时候,如果业务部署都是进程的微观级别,则会造成运维难度增大。而且按照进程分类,不同进程之间的网络调用,在跨 IDC 或机房时,容易出现带宽成为性能瓶颈的问题。

在系统设计过程中,根据业务特点,需要划分业务规模化后设备容量的基本单位,从而实现规模化扩容和部署。

例如,一个简单的架构模型,接入层、逻辑层、存储层分别由接入进程、逻辑进程、数据进程三种进程来服务。

如果没有采取 set 化部署,则三种进程分别部署在 A、B、C 三个机房。由于业务发展,需要不断扩容,每个机房所部署的进程数量的需求量都在不断增大,最终跨机房调用的流量也不断增加,导致机房间的带宽消耗大,同时整体服务的时延增加。作为对比,按照 set 化部署,如果三个进程服务的能力是 1 : 2 : 1,那么 4 个进程作为一个 set 部署,每个 set 是一个小单元。只有 A 进程与外部有关,B、C 进程都在 set 内部,对外看是一个整体,那么跨机房或 IDC 调用的情况就没有了。在机房甚至是同一个机架内调用,时延减少,带宽消耗也变小了。

未使用 set 化部署,三种进程间调用跨机房访问,如下图所示。

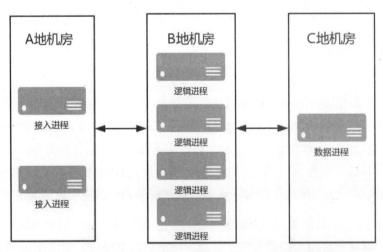

使用 set 化部署,三种进程在同一机房内完成业务,没有跨机房访问,如下图所示。

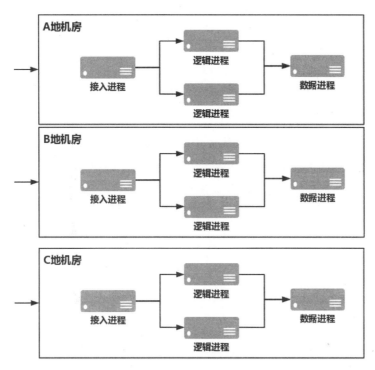

采用 set 化部署，便于业务**异地伸缩部署**、**容量规模扩展**、**自动部署**。

2.3　小结

本章主要介绍了互联网业务设计之初要考虑的平行扩展设计的方法。作为一个分布式系统，能方便地进行平行扩展是最基本的要求。在互联网服务行业，大多数服务都是 7×24 服务，要做到在线上平滑升级往往都是最基本的需求。即使有些业务可以停机，比如游戏可以停服，但也要控制在很短的时间内完成升级。如果能够缩短停服时间，那么对用户的影响较小，对业务的收入大有裨益。

在系统设计之初，在理解需求的前提下，在数据层面和逻辑层面要做好切分。

在数据层面：根据数据的访问特点、用户的使用场景和系统的边界来确定不同的扩展方法——到底是水平切分还是垂直切分。

在逻辑层面：如果是无状态的，则要考虑如何在快速扩容/缩容时修改路由表，让系统的上下游能够主动发现新增的进程或去除老进程。如果是有状态的，那么还要看状态是否可以并存，本质上也要更新路由表，让上下游能够快速发现。而且对于老状态，到底是自生自灭，还是主动去除，也要在设计时考虑到。最后还要考虑如果出现问题，如何能让扩展快速回滚。这就涉及在做扩展操作时，怎么能够简便、简单地扩容，能够主动验证扩展的效果，如果再出现问题怎么能快速恢复。还有很多保障服务稳定的技术方法，在后面的章节中会进行详细介绍，把这些方法结合起来，最终才能设计出稳定的架构。

做好切分和扩展的设计是提升架构能力的第一步，也是设计互联网后台系统的基础要求。在业务扩展时，能够通过增加资源来满足服务需求，这是分布式服务的精髓。

第 3 章　主动发现

在系统运行时，维护人员是没有精力 24 小时体验软件来判断系统是否有问题的。即使真的能做到一刻不停地体验，也不能保证及时发现问题。因为程序出问题的地方可能和体验的地方是不相关的。有些程序甚至没有界面，维护人员连直接体验的机会都没有。例如，后台的一些脚本只在特定的情况下触发，没有前端表现。所以，架构师要想办法提高程序的主动发现能力，才能保证系统稳定运行，即使出问题也能快速修复。

系统的运行情况要通过数据来展现，通过数据来描述运行状态。就像一辆汽车，通过仪表盘上的数字来反馈汽车的速度、油量、温度等。同样，在互联网业务中，也要通过运营数据，我们才能决策下一步要做什么，哪些地方需要优化。

对于架构师而言，除了要关注系统的常规数值，还要有主动发现系统异常的能力。在运营数据上加上异常值告警，当出现异常时主动通知，尽早地发现系统异常。

异常告警监控对于一个系统来说至关重要，重要程度就如同人体中的神经系统一样。当身体有地方发生病变的时候，或者意外受伤的时候，会产生痛觉。大脑收到痛觉的反馈，从而采取相应行动。人体的神经就是监控系统，痛觉就是超过异常值的一种告警，通知我们要采取行动，避免伤害。例如，把手靠近很热的物体，手就会感觉疼痛，大脑会马上决策把手收回来。一系列的处理方式都是为了保护我们的身体，让我们远离危险。同样的道理，互联网系统也要具备完善的"神经系统"，这样才能主动发现系统问题，当系统接近"危险"的时候，能够触发一些防御反应，达到避免"伤害"的目的。当出现异常值的时候，可以尽快采取行动，在业务还未出现重大问题前消除隐患。

系统中的日志和监控上报的每个点都相当于身体上的一个神经元，在系统的整体分布上，上报的越多、越密集，这个系统也就越灵敏。

本章先介绍日志和监控两种主动发现的原理，然后讲解如何通过日志和监控，达到主动发现的目的。

3.1　日志

程序员想知道程序运行的状态，最常用的方法就是记日志。记日志简单说就是把程序运行状态中的一些变量打印到一些媒介上（可以是内存、磁盘等）。接下来我们讲解如何科学地记日志。

3.1.1　为什么要记日志

在寻求方法前，先了解我们记日志的目的，为什么要记日志？

日志是程序运行时的"X 光影像"，能够追踪到程序运行的状态，通过日志，程序员能够加快调试速度，还原异常情况下出现的场景。

通过日志记录处理的数据，方便统计和审计。例如，通过网站的访问日志计算出访问的 UV；通过管理后台的操作日志来监控运营人员操作是否符合规范。

通过日志进行备份，当数据有问题时，通过日志恢复数据。例如，MySQL 通过 Binlog 来同步数据，当服务器死机重启后，通过 Binlog 恢复数据。

对于日常调试和发现异常的场景，记日志是为了快速定位问题，所以日志的可读性和信息量很重要。

由于日志是给人看的，首要就是让人能读懂，给出足够的信息——要带有上下文，和写作一样，要具有 4W（When、Where、Who、What），而且都要清晰明确——日志记录的时间（When）、打印日志的位置（Where）、什么数据或请求（Who）导致了什么现象（What）。

通过这些我们知道为什么（Why）会记录成这样，以及产生了哪些影响（How）。

而且，为了以后方便地进行数据分析，记日志的时候要注意格式，把记录的内容按照分类进行区分。一些成熟的开源软件在这方面做得就很好，我们可以参考一下。例如，在Nginx 软件中，每个 Server 都可以配置单独的日志文件，这样保证不同业务之间的日志不会混淆。在同一个 Server 的日志中，也针对日志的用途进行了区分——access.log（访问日志）和 error.log（错误日志）。

例如，下面是一个 Nginx 配置的例子。

```
log_format compression '$remote_addr - $remote_user [$time_local] '
                       '"$request" $status $bytes_sent '
                       '"$http_referer" "$http_user_agent" "$gzip_ratio"';
```

日志本身有时间（When），$remote_user 是 Who，$remote_addr 是 Where，request 和 status 是 What。

而且 Nginx 支持配置多种日志格式，还可以采用 JSON 格式，方便其他日志程序进行分析和统计。ERROR 日志用来展示 Ngnix 软件在执行的过程中都有哪些错误。一般 ERROR 日志文件是需要重点关心的，正常运营状态下是应该没有 ERROR 日志文件的。所以通过日志类别的划分，能够清晰地区分记录日志的规则，从而方便查看日志。

我们自己写的日志也要有明确统一的格式，方便分析查找。在相关的格式中，把 4W 都记录清楚，防止漏掉关键信息，影响分析。

3.1.2　日志级别

在程序中，根据日志的重要程度，可将日志划分为不同的日志级别。通常有如下级别。

TRACE：打印的日志信息最详尽，类似于单步调试，这个级别的日志记录得很详细，在生产环境中不会到此级别，平时也比较少用。

例如，在每次进入一个函数之后，都记录一条进入该函数的日志，退出时也打印函数返回值是什么，有时也打印一些底层数据结构的详细内容。这在写程序调试的时候是比较有用的，但在生产环境中，由于函数被调用的次数过多，太详细的日志会占用大量的存储空间。而且打印日志也会占用系统资源，打印太多日志对业务进程的性能也有影响。

DEBUG：打印调试信息，主要用于开发过程中打印一些运行信息，了解请求包运行的处理路径。例如，程序会根据请求参数做一些分支选择，调用不同的服务来得到最终结果。可以用 DEBUG 级别的日志来记录每次请求的参数、判定的结果，以及调用不同服务的请求和返回包的内容。通过 DEBUG 日志，我们能够查看细粒度的程序运行过程中的数据。

INFO：相比于 DEBUG，这个级别同样记录程序运行的过程，但粒度更粗。通常记录一些对于请求来说里程碑性的结果。INFO 级别可以用于生产环境中输出程序运行的一些重要信息，但不能滥用，避免打印过多的日志。通常是打印一些阶段性、统计性的信息。例如，对于一个管理后台，当有人进行写操作修改系统数值的时候，可以打印一条 INFO 日志，记录修改的操作，为回溯和统计提供数据支持。

WARN：WARN 级别展示的是一些警告信息，类似于编译程序中的 Warning 信息。虽然不是错误，但表明程序具有潜在的风险，需要给程序员一些提示，关注是否会有让隐患扩大的问题。

例如，对数据层进行监控时，发现数据容量已经接近扩容的程度，需要打印一个 WARN 日志，展示当前的容量。例如，当系统容量使用 80% 的时候要扩容，当前已经 70% 左右，需要进行预警。或者用户请求的时候出现了一个比较大的请求包，比如平时的请求包大概 100 多个字节，但有些用户的数据量比较大，达到了 800 个字节，需要打印一条 WARN 日志。虽然程序能够正常处理，但需要开发人员检测请求包是否是因为 bug 导致的异常请求。

ERROR：当程序出现错误信息的时候，需要打印 ERROR 日志。打印错误和异常信息需要记录后再进行处理。在后台程序中，一般出现 ERROR 的时候，会影响当前正在请求的任务。对于后续的任务不一定造成影响，这时要记录好当前引起 ERROR 的原因，方便查找问题。

例如，访问外部服务时出现了超时情况，就需要记录 ERROR 日志。此时系统还要尽力为用户提供服务，但由于外部原因，导致系统功能受到影响，这时要记录 ERROR 日志来为后面回溯出错原因提供参考。

FATAL：这个级别的日志表明程序出现了非常严重的错误事件，严重到已经影响程序的整体运行，需要直接停止程序。例如，在程序启动时读进程需要挂载共享内存，但发现共享内存根本就没有创建，此时程序无法继续执行下去，就要打印 FATAL 类型的日志，然后退出，等待人工介入处理。

每条日志都是以上级别中的一种，在程序中通过配置默认打印的级别，控制哪些语句打印，哪些不打印。

一般开发阶段使用 DEBUG 级别的日志，线上运营阶段使用 INFO 或 WARN 级别的日志。

3.1.3 日志类型

上述类型的日志都记录到本地磁盘中，这几种是最常用的，也是默认的日志类型。除此之外，根据日志存储的介质和用途，还可以将日志分为以下几种类型。在日常排错过程中，这些类型的日志都有重要的作用。

1.　内存日志

日志打印到磁盘很耗费性能，一般是因为磁盘 I/O 存在性能瓶颈。在程序遇到问题时，既想把从程序开始运行到出问题的这段时间的日志都记录下来，又不想因为写日志触发磁盘 I/O 操作，这时就可以使用内存日志。

常见的做法是申请一块共享内存，在程序的各个运行节点把要记录的日志信息存储在这块共享内存中。如果程序正常运行，那么在下一个请求过来时，新的运行信息会覆盖这块共享内存所记录的内容。当程序出错或"crash"后，这段共享内存便停留在出错时的状态，保存了出错时的信息。此时用工具把这段内存"dump"下来，相当于将一些栈信息打印出来，可以得到程序最后运行时刻的环境变量。

内存日志记录了很多必要的信息，但是没有产生过多 I/O 的花销，通常用于记录程序"crash"前处理的最后请求，通过这些信息复现问题，最终解决问题。

2.　远程日志

既然打印本机日志很耗费 I/O 性能，导致 CPU 使用率飙升，那么通过网络包把信息发送给远端，可以尽量减轻本地记录日志的负担。远端有专门处理日志的程序，负责将日志入库进行分析和索引。

常用的远程日志的传输方式有两种：

（1）直接发送网络包给远程日志接收程序。

（2）日志记录到本地的 agent 上，由 agent 负责收集汇总并发送给远端。

一般采用第二种方式记录日志，可以减少网络连接和网络包的数量。把多条日志汇总压缩传到远端，能够降低打印日志消耗的计算资源，把机器资源尽量留给业务处理逻辑。

3.　染色日志

日志的详细程度和日志性能消耗之间要平衡，之所以要区分日志级别，就是为了控制性能消耗。但有时我们在生产环境中为了查询问题，也需要多打印一些详细级别的日志。如果对所有请求都放开记日志，性能消耗巨大。此时通过对记录日志字段的配置来建立一个染色名单，针对名单中的请求来记录完全的信息，不在名单中的请求则记录一般配置的信息。这种日志就叫作染色日志。

常用的场景：当有用户反馈遇到问题时，发现只是个例，其他用户并没有此问题，可以给反馈问题的用户"染色"。日志程序在写日志时，只对染色的用户进行记录，不记录其他用户。除了按用户维度染色，还可以按照命令字等其他维度来染色。

4. 流水日志

流水日志是用来恢复数据的一种日志，在 MySQL 中叫 Binlog，一般用于写操作，记录每次写的原始参数。通过这些日志，再加上最初的原始数据切片，就能够通过重新执行写操作恢复记录的数据，用于备份或对账最终数据，或者提供给其他系统来重写数据。

几种日志的使用场景和特点对比如下表所示。

日志类型	使用场景	特点
内存日志	保存程序 "crash" 前的内存现场，复现程序崩溃的原因	记录在内存中，速度快，占用内存，可写量不大
远程日志	通过 agent 把本地日志发送到远端，降低本地 I/O 性能消耗	量大会对网络带宽有影响，可以汇总多台机器的日志
染色日志	对部分信息要详细记录，跨系统记录的场景	通知运行的程序对哪些类型的日志进行染色，不易配置过多，否则会影响服务性能
流水日志	用于恢复写操作，重放	配合切片数据，恢复数据

成熟的开发框架都会集成日志库，满足记录日志的基本需求。一些团队也会根据具体需求开发自己的日志库。以上四种日志类型是在已有的本地日志的基础上衍生出来的日志类型。

日志的本质是辅助开发人员查看问题。虽然支持日志的程序库、程序种类众多，但基本的要求只有以下两点：

（1）记录日志应该消耗尽量少的资源。

（2）方便查看，具备快速搜索功能。

架构师在选择日志组件时，要从上面这两点要求出发，同时具备以上四种日志类型的功能，在后期维护时，才能够快速查看日志，为解决问题提供保障。

3.1.4 注意事项

即使有好用的日志程序的支持，如果记录日志的方式不对，那么也可能影响记录日志的效果，甚至会因为记日志产生事故。

记录日志的时候要注意以下几点。

1. 控制数量

记录日志是旁路逻辑，和给用户使用的逻辑是互不影响的。但记录日志会消耗程序性能，抢占程序执行逻辑资源。所以在记录日志时，要控制好日志的量，不要因为记录日志而导致程序处理性能下降。

有些人会觉得，目前的业务量也不大，多记些日志也没什么。即使请求量少、用户少，但不保证程序运行的次数少。如果有一个循环频繁调用，触发记录日志的操作，那么也会导致系统出问题。因为日志量的原因导致线上出现运营事故的情况在实际开发中也比较多见。

例如，在项目程序发布的时候，把读接口的 DEBUG 日志打开了，导致业务进程在打印日志时磁盘 I/O 消耗较多，造成 CPU 负载变高，进程对外服务卡顿，不能正常服务用户。甚至运维人员用 SSH 都无法登录系统。因为 SSH 进程抢不到 CPU 资源进行登录，最后只好重启机器来解决问题。

除了打印时要控制日志的量，还需要通过外部程序对日志文件进行处理。一般有以下几种方式。

（1）按时间分割日志文件，定期删除老的日志文件。例如，每天产生一个日志文件，删除距离当前时间超过三个月的日志文件。

（2）按大小控制日志文件。例如，控制单个文件大小的阈值为 300MB，当超过指定大小时，删掉老日志条目以控制整体日志文件的大小。

控制日志量的大小可以通过使用 Logrotate 等软件来实现。

2. 可读性强

有时在日志里会写一些特殊的字符串，例如原本记录的内容是 "this is a log."，却记录成 "XXXXXXXXXX this is a log." ——原因是为了方便搜索。如果是为了解决方便搜索的问题，那么使用有规则的格式和有意义的名字是不是更好？输入代码行号是不是更容易搜索？

在 C++语言中可以通过宏来实现打印代码的行号和函数名，而且一般的日志函数也都支持这类功能。

一些常用的记录日志的宏如下：

● __FILE__ 表示文件名的宏；

- ● __LINE__表示行号的宏；
- ● __FUNCTION__表示函数的宏。

记录日志要关注可读性，不能只有自己才能读明白，要做到易读懂、易理解。否则天长日久，连自己也会读不明白记录的日志。

3. 级别合适

一般错误使用日志级别的方式有两种，一种是把 DEBUG 级别设置到生产环境中，还有一种是在代码中没有日志级别的概念，都使用一种级别（DEBUG 或 ERROR）。要么所有的日志在生产环境都打印不出来，要么一下子全打印出来。

这就是对日志级别的分类没有理解清楚，错误地使用日志级别导致日志分级没有起作用。打印的日志过多，会混杂太多无用的信息，同时对记录日志的资源造成浪费。打印的日志过少，会造成用到日志信息的时候没有相关日志，完全起不到记日志的作用。

4. 信息安全

有时日志中会记录很多敏感信息。由于日志系统是旁路逻辑，一般不会和业务逻辑系统使用同样的安全级别。所以在记录日志的时候要注意信息安全，防止泄露系统的信息。

和用户隐私相关的信息要避免打印到日志中。如果这些信息不影响查找 bug，则记录后容易泄露用户隐私。例如，用户的聊天记录、密钥、电话号码和邮箱等。比如我们做一款即时通信软件的聊天模块，就不能把用户的聊天内容打印出来，否则会泄露用户隐私。我们可以通过染色测试号进行调试，保证用户隐私得到保护。

综上所述，我们在记录日志时，要时刻谨记日志是给人看的，要注意可读性。

记录日志时注意不要影响程序性能，要按需记录，也要注意信息安全。

3.2 监控

日志记录了程序运行的详细状态，内容比较丰富，能够收集很多详细的信息。

日志也有不足，如果想统计一个逻辑被执行了多少次，整个系统的成功量、失败量、超时量的实时数据，那么传统的本地日志就不具备这种能力了。日志都是单独在本地存储的，如果要实现相应功能，则要把不同服务器中的日志汇总在一起。日志一般都是文本类信息，即使汇总后分析，也会有很多性能消耗。对于这种场景，如果只是为了获取调用数量，并不关心具体内容，那么可以通过程序上报来解决。

下面的程序片段展示了如何用一种简单的 API 方式来上报程序数据：

```
void ReportResult()
{
    const kErrorResultId = 12345;//上报的 ID，不同的上报申请不同的 ID
    int ret = getResult();//对其他服务逻辑的封装
    if(ret == 0)
    {
        //成功处理的逻辑
    }
    else
    {
        LogWarn("getResult 返回失败，返回值=%d", ret);
        AttrAPI(kErrorResultId, 1);//表示上报一次 kErrorResultId
    }
}
```

上面的程序用 AttrAPI 作为对监控上报的封装。和日志函数 LogWarn 相比，AttrAPI 只需要两个参数。一个参数表示上报的 ID 是什么，唯一标识上报的属性。另一个参数表示一次上报的量，用于在一段时间段内进行统计。上面的例子中用 12345 这个 ID 表示返回出错，出错一次上报 1 这个值。我们想看一分钟内有多少个失败值，只要看 12345 这个 ID 在一分钟内上报了多少次即可。

实现监控系统除了需要提供一套供程序使用的 API，还需要本地收集程序、远端汇总程序和数据展示系统，才能实现实时监控系统。整体架构如下图所示。

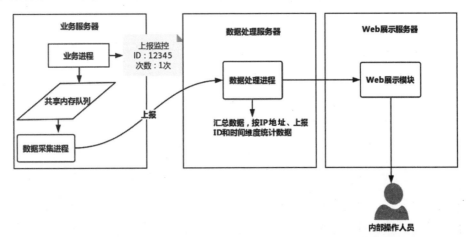

程序运行的进程通过 API 将要上报的 ID 和数量写到共享内存队列中,每台机器的 agent 通过读取操作把计算后的数据发给远端的数据处理程序。数据处理程序负责按照上报的 IP 地址、上报的 ID,以及上报时间等维度进行计算,整理出数据。最后通过 Web 展示程序,对数据进行可视化展示。

开发和运维人员通过监控系统能够了解程序运行时的状态。例如,成功量、失败量和超时量。通过可视化组件绘制一些对比图,方便查看问题。

监控的目标是为了主动发现问题,当系统出现异常的时候,开发人员能够在第一时间发现问题。这是每个后台开发人员必须具备的能力。当线上环境出现问题的时候,有些开发人员需要用户投诉才能发现问题。如果问题不是必现的,一时半会儿还找不到原因,那么这种互联网服务能力是不合格的。

如何做到主动知道数据有问题呢?一般是通过告警来实现的。告警就是在监控系统上设置一些数值触发条件来实现消息通知。例如,当超时量每分钟超过 100 个的时候,就发短信和邮件给负责人。通过主动通知,达到开发和运维人员第一时间收到异常提醒的目的。

在设置告警的时候也有一些注意事项:

(1)合理设置告警的数值。

(2)不合理的告警要及时优化。

(3)出现异常情况时一定要告警。

(4)对正常情况下的最大值和最小值也都设置告警阈值,起到预警作用。

一般设置告警的原则是,在系统初期,宁可多设置些,也不要少设置,防止漏报导致不能及时发现事故。一个业务至少有 30%以上的属性是有告警设置的。重要的告警甚至要通过电话自动呼叫开发人员,保证尽快确认并去除异常。

告警要经常梳理,对于不合理的告警要尽快修改数值,以适应业务的发展。告警不要误报,设置得过多,会产生"狼来了"的现象,让运维人员对告警麻木,达不到告警的目的。告警也不能设置得太少,否则缺少足够的监控,出现问题时不能主动发现问题。

再厉害的人写代码也会出现 bug,我们只能尽力避免 bug 的出现,但谁也不能保证不出现 bug。而且很多时候出问题不一定是代码的问题,也有程序环境或外在不可抗力的原因。既然导致程序出问题的情况无法避免,我们是不是就没有办法避免事故呢?不是的,如果我们做好告警，就能在系统出现问题的时候及时发现问题，及时止损，大大降低事故发生的概率。

在设置告警的时候，要合理设置告警量，并且定期检查告警。一般告警量要占上报量的 30%左右。如果发现有些告警已经不符合当前的情况，要及时修改和更新上报数据。例如，最开始用户量少的时候，设置告警值为 10000，当用户量超过 10000 以后，就会经常告警，这时就要扩大告警阈值。否则总会收到告警，但发现告警又不用处理，既浪费了短信资源，又会让人麻痹。当需要处理的告警混杂到不需要处理的告警中时，如果没有发现，则会延误发现告警的时间。

3.3 主动发现的监控标准

前面介绍了如何设置完善的监控和日志——对异常情况设置告警值；对即将发生的异常也设置警戒线，在超过阈值的时候有预警。但在实际项目运营的过程中，哪些指标是需要重点关注的？有没有监控标准？

下面讲一下做到主动发现的一些标准。

3.3.1 系统层监控

只有在与系统运行环境有关的地方设置基础告警，才能监控到系统的通用问题。基础告警的属性和业务逻辑无关，和架构运行的环境相关。主要包括以下几种：

1. 硬件资源

- CPU 的使用率；
- 网卡的出包/入包流量；
- TCP 连接数、重传量；磁盘 I/O 的写入读取量，读写时延；
- 内存使用率，Swap 分区的使用率等。

以上这些硬件资源指标在 Linux 系统中都有相应的工具可以查看，只要监控程序定期读取并上报即可。

2. 底层支撑软件

一些通用的底层支撑软件也可以做上报工作。例如，Java 程序运行在 JVM 上，PHP 程序依靠 php-fpm 提供服务。这些软件运行在操作系统和业务系统之间，它们的运转情况也影响着系统的稳定性。

我们以 Web 类业务为例，可以监控以下内容：

- php-fpm 的进程数；
- php-fpm 的重启次数监控；
- Nginx 的进程重启次数；
- MySQL 的慢日志；
- PHP 的慢日志；
- Nginx 的错误日志。

这些底层依赖软件把业务服务依赖的部分都做了抽象，为业务提供底层服务。平时要做好对这些软件是否正常运行的监控工作，同时这些软件也提供了一些慢日志供我们分析问题，直接采用即可。

这些进程的启动、退出、僵死等状态，以及进程启动数量，也都要上报，有些异常被监控到以后，还要触发一些恢复性的操作，让程序的运行状态恢复正常。

3.3.2 用户侧监控

从用户的角度把整个后台当作一个黑盒来记录用户的服务质量。主要记录的内容如下。

1. 用户行为

例如，用户点击次数，用户到哪个页面流失了，都需要客户端来上报，通过对这些数据的监控，为产品和设计人员提供数据支持，衡量业务功能是否有效。

2. 访问质量

访问质量包括用户接入的失败率、访问时延等。从用户端到服务端，中间还有许多网络环境，要经过很多程序不可控的环节。有时在后端测速都是正常的，访问质量也很高，但在用户侧却不行。可能因为用户所在的网络和服务器机房网络属于不同的运营商，运营商之间传输数据有时时延会增加。这时就需要从用户侧获得数据,以用户的感知质量为准,从用户端来查看并优化服务。

为了了解用户侧的访问质量,还要提供用户主动上传日志的功能,当用户反馈问题时,能够让用户通过授权,把本地日志上传到云端,供研发人员分析问题。

3.3.3 应用层监控

在应用的不同后台,上报的内容的侧重点也不同,依据不同层服务的特点上报不同的数据。

1. 接入层

接入层负责用户的接入,主要关心的是接入质量。衡量当前接入质量的重要指标如下。

- 接入连接数;
- 请求包量和返回包量;
- 请求应答的正确数、错误数、超时数;
- PV:可以用上报系统的上报次数反映;
- UV:在上报的日志中按照用户 ID 去重展示;
- 整体处理的耗时分布。

处理耗时分布有两种方法:

方法一:对于每个请求都记录一条日志,记录处理时延,然后把日志汇总后分析。如果日志量大,那么也可以抽样一些请求记录日志,可以反映大体的趋势。

方法二:把系统的耗时处理分为多个区间段,比如[0, 100ms)、[100ms, 200ms)、[200ms, 500ms)、[500ms, +∞),分别上报每个区间段的处理量。

两种方法各有优缺点,方案一记录得更精确,但日志量多,系统资源消耗大;方案二的时间统计粒度一旦设置后就不能修改,但处理速度快,对于确定程序处理时延是否正常已经足够。

接入层统计以上这些数据后,能够以一个整体的角度来监控后端数据是否正常,以便于统计服务质量。

2. 数据层

数据层主要关心以下上报属性：

- 存储的使用量；
- 存储的成功/失败量；
- 存储的时延分布；
- 缓存命中率；
- 缓存的使用量；
- 缓存是否触发自动淘汰。

数据层通过上报以上属性来反映数据存储资源的使用情况。

3. 逻辑层

逻辑层是指业务实现的逻辑部分，不同的业务差异较大，上报属性也不尽相同。有以下一些原则可供选择：

- 业务正常执行的成功、失败、超时量；
- 业务处理时延；
- 是否有正常逻辑不会被访问到，如果被访问到，则要增加异常告警；
- 对于有资源限制的服务，要上报资源的库存量；
- 对于有资格参与的服务，要上报资格判定的结果；
- 对于所有第三方依赖的服务，要上报正确、失败、超时量，并记录日志以供查询。

下面以一个例子来说明如何使用逻辑层上报。

例如，我们做一个抽奖活动，用户要满足连续签到七天的条件才能获得一个抽奖资格。奖品有 1 个一等奖、2 个二等奖、100 个三等奖和 10000 个纪念奖，还可能不中奖。

业务逻辑是先判断用户是否连续签到七天，如果不满足则不会展示抽奖按钮，满足条件的用户才展示抽奖按钮，抽奖结束后隐藏抽奖按钮。具体步骤如下：

- 后台判断用户是否满足抽奖需求；
- 处理抽奖逻辑，返回中奖信息；
- 发送中奖奖品到用户账户。

1. 日志

正常日志：

当用户抽奖后，记录一条日志，记录用户中奖的状态，用于后面分析用户行为和评估活动效果。

异常日志：

在用户使用服务失败的情况下，记录用户的号码、时间、出错原因等。

导致服务失败的场景有很多，例如调用外部接口失败，调用外部接口超时等情况。

2. 监控和告警

页面打开数量，打开时延——可以知道有多少用户使用服务，什么时候访问的服务，用户的具体行为。同时增加告警，当用户量接近扩容阈值时告警，当用户量掉零时告警，当打开时延太长时间时告警。

用户点击抽奖次数、用户抽奖成功次数、用户抽奖抽中一等奖次数，等等——通过这些数据可以了解活动的效果，知道用户抽中了多少奖品。

用户没资格却来抽奖的次数——正常抽奖用户不会出现这种情况，因为前端会挡住用户请求。如果出现了这种情况，则可能是恶意用户，或者是程序有逻辑漏洞。这种监控要设置成告警，防止出现异常 bug。

奖品接近抽完或者奖品抽完了——库存告警，通知运营人员补充奖品，或者修改活动策略。同时这也是一种对恶意行为的监控，如果库存消耗超过预期，则要查看是否有人恶意刷奖。

发送奖品失败——用户显示抽奖成功，但在发奖环节出现失败，要尽快采取人工干涉的方法解决问题，保证用户体验。

3.4　其他形式的监控

除了通过日志和上报实现主动监控，还有一些工具能够让我们实现更多形式的监控。

1. 云拨测

云服务商提供了云拨测功能，利用该服务模拟用户请求，在多个机房分布点对 Web 类服务的 HTTP 接口发起请求。对于用户访问频率低的服务，可以用这种方式保证运维人员及时发现问题。

有时不是服务不稳定，而是由于网络环境复杂，导致不同运营商的用户的访问质量也不同。可以通过云拨测监测不同机房的处理延迟，决定是否要接入多运营商、多机房部署。

2. Perf 类工具

Linux 系统提供了 Perf 用于分析软件运行时的性能。对于外网发布的程序，当发现性能明显降低的时候，可以通过 Perf 来分析程序中占用资源多的函数。由于工具对性能影响很小，所以可以结合到监控系统中，当系统资源占用过多时自动启动分析报告。在程序刚上线的时候也启动 Perf 来获取一段时间内的性能数据。

除了 Perf，还有很多类似的工具，用于不同语言或框架，可以把它们集成到监控系统中，起到事半功倍的作用。

3. 调用链跟踪系统

由于后端系统大都是分布式系统，所以一个简单的用户请求可能会经过多个系统、多个模块的调用。其中某一个环节出问题，都会导致最终的结果失败。如何快速发现是哪个环节出问题的呢？

在没有调用链跟踪系统之前，一般的办法是根据用户的 UID，每个系统的负责人同时查找，反馈是否是自身的问题。这种处理方式对研发人员的响应速度、技术能力都要求较高。

有了调用链跟踪系统，每个系统在处理请求包和返回结果的时候，都要在协议中增加一个全局唯一的 ID 字段。日志分析系统把请求的路径按照 ID 串联起来，可以具备快速分析分布式系统出错位置的能力。

常见的调用链跟踪系统有 Twitter 的 Zipkin、美团的 CAT、Apache SkyWalking 等，研发人员可以根据项目特点选用开源的组件，或者根据已有的系统自行研发。

无论采用哪种方案，使用调用链跟踪系统时需要注意，在系统建设初期就应该接入调用链系统，做好调用链跟踪系统的底层基础建设。否则越到系统运营的后期，接入调用链跟踪系统的成本越高。接入调用链上报的代码要对业务逻辑透明，不会入侵逻辑代码。否则对业务暴露上报接口时，如果有模块漏报信息，则会造成后续链条失效。

3.5　小结

作为一个架构师，要有一张上报的表格，明确每种服务要上报哪些属性。有些常规上报内容可以设计到开发框架和底层运维系统中，自动上报。

系统层上报的内容如下表所示。

	上报或日志内容	告警设置
硬件资源	CPU 使用率	≥70%
硬件资源	网卡包量	≥网卡流量 70%
硬件资源	TCP 连接数	
硬件资源	磁盘 I/O 读写量	
硬件资源	磁盘 I/O 时延	
硬件资源	内存使用率	≥70%
底层软件	php-fpm 进程数	
底层软件	php-fpm 重启	告警
底层软件	Nginx 重启	告警
底层软件	MySQL 慢日志	监控日志量告警
底层软件	PHP 慢日志	监控日志量告警
底层软件	Nginx 错误日志	定期查看

后台业务层上报的内容如下表所示。

	上报或日志内容	告警设置
接入层	请求包量	超过系统最大量 60%
接入层	返回包量	
接入层	应答正确数	
接入层	应答错误数	根据 SLA 制定

续表

	上报或日志内容	告警设置
接入层	上报：应答超时数 ERROR 日志：记录请求参数，返回结果	根据 SLA 制定
接入层	PV	
接入层	UV INFO 日志：记录每个 ID 的访问（一般做成旁路同步）	
接入层	处理时延分布	超过 SLA 的部分告警
数据层	存储使用率 INFO 日志：记录当前使用率	超过 60%告警
数据层	存储成功量	超过预想值告警；掉零告警
数据层	存储失败量	失败量超过阈值告警
数据层	时延分布	超过 SLA 的部分告警
数据层	来源上报	
数据层	缓存使用量	超过最大值的 60%告警
数据层	缓存命中率	命中率低于预期告警
数据层	缓存淘汰率	淘汰率异常告警
逻辑层	业务执行成功量	
逻辑层	业务执行失败量	超过 SLA 的部分告警
逻辑层	业务执行超时量	超过 SLA 的部分告警
逻辑层	资源库存	库存预警（例如，奖品即将发放完；库存没有告警）
逻辑层	依赖第三方正确量	
逻辑层	第三方失败量 ERROR 日志：记录请求和返回内容	超过 SLA 的部分告警
逻辑层	第三方超时量 ERROR 日志：记录请求内容，超时时间	超过 SLA 的部分告警

运行的程序是无形的，如果想查看程序运行时的状况，判断是否符合设计的预期，只

有通过监控、日志才能客观反映出这些情况。在开发阶段，合理、科学地设置监控和告警，才能够在运营阶段快速发现问题，掌握系统的运行情况。

对于日志和上报的内容，开发人员要主动去查看。主动查看数据会有时延，要通过告警将需要马上确认的数值主动通知开发人员，让开发人员能够第一时间发现异常，从而快速处理问题。

做到全方位设置监控和告警，是做好互联网系统架构运营的第一步，监控和告警是架构师的眼睛，是系统的雷达。监控和告警帮助架构师提升了主动发现的能力，也提供了决策的数据。监控和告警是做到主动发现的重要前提。

第 4 章　自动化

Instagram 在 2012 年 9 月被 Facebook 以 7.15 亿美元收购时，全公司只有 13 名员工，用户超过 3000 万人。

Supercell 在 2017 年只有 218 名员工，旗下几款手游风靡全球，全年营收高达 20.3 亿美元，税前利润达 8.1 亿美元。

WhatsApp 在 2014 年 2 月被 Facebook 以约 193 亿美元收购，用户达到 4.5 亿人，员工为 55 人。

从以上案例可以看出，在互联网行业，能够通过少量的研发人员，服务众多的用户，这在传统行业是很难实现的。这些公司如何做到少量人员维护大用户量的服务？答案是依靠计算机程序实现自动化。

合理运用计算机实现自动化，能够大幅提高效率，很少的人就能创造出巨大的价值。自动化也是互联网行业发展迅速的基础。

在互联网行业，计算机程序和人工操作相比，主要有两点优势。

（1）人工操作和计算机程序相比，处理不及时。

互联网服务以快著称，而且大多数产品的反馈都很及时。遇到线上或者部署场景的问题，如果通过人工分析处理，则会消耗大量时间，用户可能不会等待，最终流失用户。

（2）人工操作和计算机程序相比，更容易出错。

在项目维护过程中，有很多例行的重复处理操作，这部分操作对人来说十分烦琐，但这正是计算机擅长的部分。计算机在执行自动操作时，稳定性要比人工操作高，而且一些复杂的计算操作，计算机在速度和准确性方面也比人工操作强得多。

要想让业务迅速发展，服务大规模的用户，自动化是基础。作为一个架构师，主要从以下几方面来实现自动化。

1. 自动部署

在架构设计之初就要考虑如何在技术方案中实现自动部署。能否实现自动部署，是衡量架构设计好坏的一项重要标准。

在前期设计方案时处理好自动部署，能够降低后期部署的成本。从长远看，可以提高项目的稳定性，降低人力成本和出事故的概率。

部署工具也要有扩展性，能够满足后续新增的自动化需求。例如，在部署前、部署中、部署后都支持自定义操作，能够为部署时增添新的操作功能打下基础。

对于一些基本的运维操作，比如机器初始化、容量扩容、迁移等，在自动部署后，还能够检测部署服务的健康情况。一般都要有详尽的日志，并且有执行进度的提示，以及当进度结束时展示进度的执行的结果。

有时部署结束后，还会因为一些原因回滚，所以快速回滚也是自动部署中重要的一项。设计方案时必须要考虑系统可以快速回滚到发布前的状态。

在部署时，大都通过修改配置来控制部署服务的执行，所以找到配置的最小集合，保证多副本的相同配置的生成规则相同，输入信息最少，也决定了自动部署的质量。

2. 自动恢复

运行中的服务也需要自动化运维，最常见的就是自动恢复。当出现问题的时候，服务要具备自愈能力，能够自动恢复到正常状态。

具备自愈能力的服务能够在出问题时正常提供服务，为研发人员找到真正问题争取充足的时间，也避免因为服务不可用而引起事故。

3. 增强意识

大多数没有实现自动化的系统并不是不具备相应的能力，而是在架构设计时架构师没有意识到自动化的好处。

架构师要具有自动化意识，通过工具提升操作效率，减少操作失误。通过自动化研发的投入，能够从结果上获得高收益。当自动化达到一定规模后，会形成雪球效应，后续新研发的工具周期更短，效果也更好。

下面详细讲解自动化覆盖的场景。

4.1　自动部署

自动部署就是在部署的时候通过计算机自动执行全部命令，人最多只是做命令开始执行的触发工作，决策是否要让计算机来执行操作，而不是手工驱动每项命令的执行。

众所周知，计算机最善于执行固有的程序。同样的一项操作，由计算机程序完成，运行的速度和准确性是不变的。如果由人来完成，受到情绪、状态的影响，速度和准确性都会有差异。

通过程序完成部署工作，能够提高效率，减少人的工作量，也有助于提高部署的服务的稳定性。程序还可以打印日志，记录操作方面要优于人的记忆。如果某些操作需要回溯历史，那么用程序实现是最好的。

如何实现自动部署呢？

要做到自动化，前提是做好一件事情——统一标准。

如果统一标准，就能够简化自动部署流程，实现流程可控。

由于技术或研发时间受限，有时在第一时间做不到完全自动化，那么至少要有一套脚本或操作文档，研发人员能够按照操作文档进行操作，实现自动部署。

一定要在第一时间摆脱依靠人脑记忆来部署的情况，因为全靠记忆来实现的风险很高。

最后把总结的流程文档用程序实现，再把不同环节的切换都通过程序触发，做到从头到尾都由程序驱动。

4.1.1　准备

为了让程序实现方便，在实行自动化之前，要保证依赖的环境、配置等都有一个统一的标准。

具有统一标准的底层能够简化程序的书写难度，让程序的主要流程都是处理发布相关的逻辑，从而减少对不同环境的判断，减少程序分支的数量。多个环境相当于把相同逻辑写了多份。

统一标准也会降低工具出错的概率。如果底层标准不统一，那么根据环境进行切换操作时，切换错误会导致程序出问题。

服务运行的操作系统版本、依赖的底层系统库、使用的程序框架、程序部署和产生文件的目录位置等程序依赖的环境都要统一标准。为了实现统一，架构师需要制定一套完善的标准，并且相关程序环境都要符合这个标准。例如，操作系统版本不同，会造成一些工具存放的路径有差别。在写相关脚本的时候要增加判断目录位置的逻辑，这样增加了代码的复杂度和测试范围，也增加了出 bug 的概率。

业务程序产生日志的目录也要统一。如果任由业务自定义目录，那么操作日志工具就难以抽象，可能造成每个业务的操作日志工具都不一样，但是实现的主体功能却一样，徒增许多适配的工作量。

尽量减少由于环境不一致导致结果不一致的情况，让自动化操作更简单，同时降低出错的概率。

而且随着容器和虚拟机的发展，统一环境的问题也变得越来越简单。例如，通过 Docker 制作好服务的镜像后，即使服务部署在不同的云服务商，底层是不同的操作系统，但在应用层屏蔽了底层系统库的差异，大大降低了自动化运维的难度。

4.1.2　实现

有些老系统由于时间久远，没有人对整体有一个清晰的了解，缺失自动化工具。当需要搭建一套新环境时，在搭建环节耗费过多检查和排错时间，这是非常不值得的，也暴露了一种隐患——线上环境的快速迁移没办法得到保障。

要实现自动部署，可以采用如下步骤。

1. 梳理外部依赖

底层依赖标准统一后，要梳理上层应用系统所使用的依赖。例如，依赖的接口权限，依赖的 MySQL、Redis、MQ 等权限，有什么特殊逻辑（例如，访问外网权限，开通哪些白名单），上层应用的基础软件有什么地方需要修改（例如，Nginx 中的特殊配置，机器的参数等）。

2. 部署文档化

无论是否实现自动化，对于部署操作，肯定不能只依赖开发人员的大脑记忆来操作，而是先梳理出一份部署文档。这份文档要满足一项基本要求：另一位开发人员能够根据文档中的内容完成部署操作。

部署文档本质上还是人工操作，仍然很难避免人为操作的风险。例如，有的研发人员把 SQL 操作的语句一句句写下来，同时标记哪些字段要被替换，手动完成替换参数的操作，这样很难保证研发人员不出错，出事故的概率还是很高的。

3. 部署半自动化

把文档中每个步骤的操作都做成脚本，参数从命令行或配置文件中获取，由人工来触发每一步操作的执行，人只影响每一步操作的顺序和每一步操作的参数的数值。

部署半自动化已经比文档化要好很多，运维人员只要依次触发脚本就能完成操作。但这个方案也不完美，因为每次操作都是相同的，人工做了很多重复性的工作。这些调整参数和选择处理顺序的操作都可以完全通过程序自动执行，执行这些操作能够为运维人员节约大量的时间。

4. 支持自动处理依赖

一些操作是跨系统的，难以在同一程序中集成全部操作，也导致一些工具难以实现全部自动化。把不同系统的操作集成起来，就能够实现全自动操作。每个系统都提供 API 供外部调用，这是一个解决不同系统集成的好方法。

对于权限系统的申请依赖，可以调用 CMDB（Configuration Management Database，配置管理数据库）的 API，把依赖接口、组件的授权，做到自动在新机器上开通。

对于服务器的申请，可以通过调用云的 API 实现。

对于依赖软件的安装，也可以通过脚本结合云端的 API 来实现。

通过对外部 API 接口的调用来实现自动处理依赖是一个通用的集成方法。

5. 全自动串联整体逻辑

实现自动处理依赖后，所有的步骤都可以用程序来完成。可以把之前半自动的部分集成起来，把每个步骤间的调用和转换也集成为一个统一的程序。运维人员只负责启动脚本，剩下的工作都由全自动的程序来一次执行完成。

6. 开发测试验证程序

自动化部署后服务是否正常，也要有自动验证的程序。可以结合测试用例，跑通业务逻辑来测试是否可以对外提供服务。

7. 最小化人工操作，可视化集成

整合运维操作中的多个步骤，尽量减少人工操作的步骤，同时嵌入可视化的系统之中，提升运维操作的体验。例如，制作网页版的发布系统和管理后台。这样能够整体维护运维脚本，防止脚本散落到各处，对于权限控制和审批也提供了更好的底层基础支持。

4.1.3 验证

除了验证服务是否可用，还要验证整体的自动化流程集成后是否正常运行。就像多米诺骨牌一样，推倒第一个后，后面的部分就按顺序倒下。

自动部署有时执行的间隔比较长。例如，一个系统刚上线的时候会执行一次初始化部署，下次扩容时再执行自动部署可能要间隔很久。有两种因素会导致再执行自动部署时失败：

（1）从前的自动部署程序有问题，之所以上次成功，是因为出问题的部分被人工临时处理绕过去了。

（2）系统在这段时间内升级，之前的自动部署脚本没有升级。

自动部署的方案和脚本做完后，要从头到尾完全利用自动工具执行一遍，类似于演习，把所有曾经人工介入的部分都恢复成原样，或者干脆申请一套新的环境，提前演示一遍。如果在验证的过程中发现了问题，那么在手工修复后，要从头再执行一遍，而不能接着上次修复的地方继续执行后面的环节。只要有人工介入，就有可能打破自动化需要的环境依赖，导致测试不完整。必须要从头到尾验证完全，才算成功。

演习是一种有效的验证策略，在没有发生问题的时候预演处理过程。如果发现问题，则可以为解决问题提供充足的时间。

由于业务不断变化，演习要做成自动化、例行化，每月或每个季度进行演示，保证不会发生由于系统变更导致程序不正常，却没有被研发人员发现的现象。

4.2　自动恢复

除了在每次业务发布的时候要做到自动部署,在系统运行的过程中,也要做到自动恢复。

当程序出现异常影响执行流程时,如果每次都人工来恢复,则会导致恢复不及时。只有提前预见异常情况进行自动恢复,才可能尽量减少异常对服务的影响。

除此之外,还要做好监控,通过监控数据了解每次触发异常的实际原因,防止问题扩大。

4.2.1　服务恢复

1. 服务重启

有时进程在运行时会意外退出。常见的场景有:

一些运行时异常造成程序抛出的异常没有捕获,导致程序意外退出,或者程序崩溃、异常退出。

有些程序因为内存泄漏,在后台运行时间长了,占用过多内存,最终被系统"杀死";例如,对于用 C++语言编写的程序,如果动态申请内存空间,而且没有正确释放,则会造成在堆上申请的内存越来越多,最后导致内存申请过多而被系统"杀死"进程。

由于人为的错误操作,导致进程被"杀死"。有些脚本写的不严谨,按照进程名字符串匹配来"杀死"进程。当多个服务在同一台服务器中部署时,会误杀其他进程。

还有很多原因导致进程无故消失了。无论哪种情况,对后台运行的常驻进程都需要进行监控,当发现进程数不够时,能够自动拉起"死掉"的进程,保证有进程可以提供服务。

使用 supervisor 类工具,除了可以监控进程的运行状态,还可以恢复服务。

有时遇到进程假死的情况,也需要重启。当出现假死状态时,进程虽然没有异常退出,但已经不能正常服务,这时重启是一个保底的方法。让进程从一个走不出的状态中跳出来,重新启动进程。例如,程序发生了死锁,互相等待;程序没有设置超时时间,当网络请求超时后,会一直等待返回结果,其间也不能对外服务。重启有时是恢复服务最快的办法。

如何判定进程假死呢?我们可以让进程自己上报当前的状态。例如,一个守护进程,在每次轮询收包的时候,都上报一下当前的状态。正常情况下在一秒内肯定会上报多次。如果过了 10 秒都没有上报,而且进程还在存活状态,就认为是假死状态,应该启动假死重启操作。每个业务可以根据容忍的阈值和进程假死特征来制定具体的重启方案。

如果把常驻进程想象为一个状态机，那么重启相当于人为让状态机从初始状态启动。当状态机进入某些状态难以跳出时，重启是一种有效的短期恢复方法。但同时要监控好执行次数，如果频繁执行，那么也要人为查看具体的原因。

2. 异常重试

分布式系统中有很多网络请求，在执行网络请求的过程中，由于网络状况不稳定，或者其他节点不可用，有时会遇到依赖的第三方返回超时的情况——可能是没收到请求，也可能是收到了请求，但返回的应答没有被请求方收到。在遇到超时情况时，可以进行异常重试。如果在重试的时候返回成功，则通过这次重试，让原本返回异常的请求能够返回正确的结果，并且前端根本不知道该请求在系统内部进行过重试。重试能够降低上游调用服务结果的整体超时率和错误率。

对于通过轮询来获取数据的场景，重试操作的效果比较好。例如，一个网页端行情页面，要定时从后端拉取最新数据来更新页面。如果偶尔有数据超时未返回，则不需要前端立刻报错。因为请求次数非常多，所以偶尔的报错，可以通过重试拉取最新数据来补充页面显示的内容。

在重试的过程中要注意，防止重试增加后端负载。过多的重试可能让后端过载，导致全部服务都受到影响。

在后端过载时要停止重试。过多的重试会导致后端服务从过载状态恢复到正常状态的时间更长。

常用的做法是和后端服务协商超时重试的次数，可以从后端的返回包体中获取重试的时间间隔，或者按照指数的量级加大超时重试间隔，还可以统计连续超时次数，当超时次数达到阈值后，停止重试，直接返回失败。

重试可以弥补服务偶尔性的失败，但当服务真的不可用时，应尽快停止重试，让后端尽快恢复正常。

3. 对账修复

对于一些有数据存储的业务，我们要保证多个副本的数据一致性。有时写数据方比较多，有的环节出问题，会导致数据不能实现最终一致性。此时可以从最终结果出发，利用一个单独的程序来比对最终数据是否一致。如果出现数据不一致的情况，则马上修改，这也是一种自动修复的常用手段。

例如，一个分布式的存储系统，异地的多个节点之间通过流水日志重做来保证数据最终一致。可以启动一个脚本，负责遍历、轮询两个异地节点内的所有数据，当发现两个节点中有的条目数据不一致，并且超过了正常同步的时间限度时，就先把数据改为最终一致，而不是等重做脚本来恢复。这样可以避免重做脚本有一些 bug，导致最终数据没有修复，一直是错的，或者副本数据不对齐。

除了在后端服务中有广泛应用，在一些前端表现类的业务代码中，对账修复也可以用于捕捉 bug 的场景，同时弥补用户体验。

例如，开发一个聊天程序，包含聊天窗口和最近联系人两个功能。在两个功能的界面上都会展示用户一条最近发送的消息。如果在线上运营时，发现两个最近发送的消息不一致，但短时间内还找不到有什么问题，要如何处理？这时就可以使用对账修复功能，在客户端加一个对账逻辑（用来检查系统中数据的一致性），启动一个新线程，当最近联系人的最后一条消息有变更，或者聊天窗口有变更时，比对两部分数据是否一致，如果不一致，则利用异构逻辑修复不一致。让程序的 bug 不会影响用户使用，而且也可以监控 bug 再次出现的时机，当 bug 再次出现时，打印详细的日志供开发人员分析。

通常对账修复是对已有的一套逻辑再做一套异构的逻辑，用来验证已有逻辑是否正确，并且先紧急修复，再慢慢查找已有逻辑的问题。

以上这些恢复手段都能有效解决程序异常造成服务大面积不可用的问题。既然出现了异常，就证明程序中有不符合预期的行为，要及早查看和修复。通过对账逻辑修复服务只是起到保险的作用，绝不能成为常态。

4.2.2 流量迁移

流量迁移是在大型互联网服务中运用比较多的一种操作。当服务运行的环境出问题时，流量迁移可以把服务尽快迁移到正常环境中。流量迁移一般应用于以下场景。

（1）本身运行的服务器有问题。这种情况在业务规模变大后出现的概率会增加。

例如，一台机器在一天中出现故障的概率是 0.1%，即运行 1000 天才会有一天出现故障。只有一台机器时，要 3 年左右才出现一次故障。如果有 1000 台机器呢？每天不出故障的概率为（$1 - 0.1\%$）^{1000} = 36.76%，每天出故障的概率为 63.24%。这个概率已经非常高了，平均每两天就出现一次故障。从根本上解决问题，就是要在有机器出现故障的时候，能够让服务稳定，把流量切换到正常的服务上去。

（2）某些地理区域的服务得不到保障。

由于业务发展，业务跨的地域广阔，涉及多个省市，甚至跨洋跨大洲。用户的网络质量千差万别，某些人为因素和自然灾害也会造成设备不可用。例如，IDC 突然断电，或者光缆被挖断，导致 IDC 直接不可用。当发生这些意外情况时，都要通过有效的技术手段把用户（流量）调度到可用的服务上去。

1. 流量迁移方式

按照业务所负责的功能不同，迁移的方式也有些差别，大致有以下几种方式。

1）DNS 方式

在域名访问的系统中，当业务服务器出现问题需要迁移的时候，通过修改 DNS，去除故障服务器，加入新增的服务器，实现把流量从故障机迁移到运行状态良好的服务器中的目的。

修改 DNS 实现流量迁移的缺点是不够及时。DNS 是一个逐层缓存的系统，在用户的操作系统上也有缓存记录，通常以天为单位，才能获取最新的服务器 IP 地址的更新配置。所以在实际使用中，通过 DNS 迁移流量的情况比较少。更多的是对机房和运营商提供支持时才增加 IP 地址，而且该运营操作对实时性的要求也不高。

在日常流量迁移的过程中，很少使用修改 DNS 的方式。

2）VIP 方式

VIP 即虚拟 IP 地址。原理是用户侧看到的是一个独立 IP 地址，但在这个 IP 地址后面可以挂载众多内网 IP 地址，而且当更换机器硬件资源的时候，对外的虚拟 IP 地址可以保持不变，相当于有一个一直可用的外网 IP 地址。在需要流量迁移的时候，修改虚拟 IP 地址对应的后端实体 IP 地址即可，更新速度快，无延迟，立刻生效。目前支持的 VIP 方式有 LVS、腾讯云的 TGW。

由于 DNS 方式有更新不及时的缺点，所以目前在 DNS 中配置的 IP 地址都不是机器的实体 IP 地址，而是 VIP，通过增加 VIP 层来实现实体机流量的快速迁移。

在日常流量迁移的过程中，经常使用 VIP 方式。

3）反向代理方式

修改 DNS 和 VIP 都是流量在进入应用服务器之前的操作，在流量到达应用服务器后，还可以通过修改应用服务的 proxy 层的路由来实现流量切换的目的。例如，一些 Web 类应用程序会使用 Nginx，Nginx 的一个重要功能就是反向代理。一台服务器作为接入层，当收到请求后，可以根据一些规则，把请求反向代理给其他后端服务器，让请求方无感知，达到灵活切换流量的目的。

在日常流量迁移的过程中，很少使用这种方式。

因为修改的配置文件中还有其他 Nginx 相关的重要信息，容易改错；如果后端服务器很多，那么写在 Nginx 的配置文件中的 IP 地址会很长。

4）客户端选择方式

前面三种方式是服务方主动修改，让请求端无感知来达到切换流量的目的。客户端也可以主动做流量迁移。例如，在客户端登录时从服务器拉取路由表，客户端模拟发包进行测速，选择速度最优的服务器进行接入。在需要流量迁移的时候，服务器可以主动下发迁移请求，客户端建立新的连接，关闭老连接，达到流量迁移的目的。

在大型互联网服务中经常使用这种方式，客户端要具有根据服务端下发的指令连接指定服务器并无缝切换的能力。

这种方式多数情况下是与其他几种方式结合使用的，从客户端到服务器，共同完成流量切换。

5）存活检测方式

这种方式主要用在后端服务中，定期检测调用服务的服务质量。例如，通过保活协议，或者使用特定的 agent 通过 ping 来检测后端服务质量。每次发送请求时都检测一遍，选择最好的服务器进行请求。当服务器出现问题时，时延和响应都会出现问题，这时服务调用方得到信息，在调用的时候选择服务质量好的服务器，达到流量迁移的目的。

这种方式是使用最广泛的一种。

2. 业务逻辑

一般对于无状态的服务，使用上面的处理方式就能够马上把流量迁走。但有些服务是有状态的，需要在新的服务器上创建缓存。例如，某些游戏类服务需要把玩家的大厅数据都加载到用户状态服务器中。如果是这种有状态的流量迁移，那么最"粗暴"的方式就是把用户"踢"下线，然后让用户重新登录。但为了给用户最好的体验，通常都是实现一些迁移数据的逻辑，让用户无感知，实现业务的无缝切换。

通常的步骤是迁出流量服务器开始拒绝新的流量接入，然后给调用方发送通知，让调用方到新流量服务器上去请求，调用方触发新的流量服务器进行状态同步，状态同步成功后，新流量服务器通知老流量服务器和调用方，让它们都更新这个用户的请求到新流量服务器上，最后完成有状态迁移。

在不同的业务场景中，选择的方式也各不相同，要根据业务对迁移的要求来选择迁移方案。

也可以设计把有状态服务都集中到一起的模块，做一主多备或多主多备，当需要迁移流量的时候，在缓存层直接修改主备信息，即可完成流量迁移。

4.3　提升自动化意识

虽然自动化能够提高效率、降低维护成本，但在现实工作中，能够做到主动自动化操作的研发人员并不多，根本原因是没有提升自动化意识。

我们需要从观念上提升自动化意识。

1．工具意识

在日常研发中，有很多操作都能通过工具来加速和保证操作的正确性。当处理一些烦琐的操作时，应该思考如何利用工具来提升效率。有些典型工具在运维中能起到事半功倍的效果。

例如，在自动部署迁移的场景中，我们就需要以下几个工具。通过这几个工具，能够让不同号段的请求分布到不同的服务器上，切走流量。

（1）自动发包验证工具。

自动部署后，需要通过检验工具来验证服务是否正常，而不是直接让用户检验服务。

（2）权限自动申请工具。

4.1 节提到梳理出权限后，可以人工增加权限。但增加权限是比较简单和机械的，要想办法通过脚本来自动申请增加权限。而且随着业务增多，同一个业务扩容的服务器，申请的权限都是一样的。对于许多服务器申请相同权限的情况，可以研发克隆权限功能，即能够根据已有的服务器，反查有哪些权限，再把权限开通给新服务器。就像克隆一样，让新服务器也具有从前老服务器的权限，但不用运维人员来梳理老服务器的权限。

要具备工具意识，研发人员需要把自己当作产品经理，开发工具就是需要设计的实际产品。

2. 思考方式

除了开发工具，对于工具的投入产出比的比对，架构师也要有所思考。

有时会遇到开发一个工具用时很久，但工具使用的时间却不长，到底投入产出比是否合理的情况。这时需要思考的不仅仅是使用工具的总时长与开发工具总时长的整体对比，还要加上时间的权重。例如，开发一个工具要用 10 个小时，操作一次只用 5 分钟，一个月操作一次，一年才投入使用 1 个小时。这就要根据具体的场景来计算投入产出比。平时花费时间开发工具，是为了在紧急时刻节约时间。因为在紧急时刻，出问题时的单位时间价值和平时开发的单位时间价值，两者是不一样的。在评估重要性、优先级、性价比的时候都要考虑。除了要考虑关键时刻节约的时间，也要考虑研发人员的效率。如果通过自动化的工具，不必依赖具体的研发人员的操作而自动完成任务，那么也会提升研发团队的整体工作效率。

4.4 其他场景

1. 依赖自动化

不仅是部署和恢复，在开发和测试等其他环节，都要做到自动处理依赖，才能真正实现自动化。

例如，前端的图片要经过压缩才可以上线，如果靠手工或流程处理该操作，那么只有遵守规范的研发人员会严格执行该操作。而且在保证流程顺利执行上，也会花费较多精力。该操作完全可以做成自动的，在提交代码的时候，自动调用图片压缩程序。

再比如通过 GitLab 上的 CI/CD 工具进行上线前的测试验证，保证每次合并主分支都运行一遍已有的单元测试，让主分支提交的代码都是测试通过的代码。

此外，对于日常的新增节点的扩容操作，当节点依赖的服务出现时，能够自动发现并调用新服务。当新节点加入集群时，也能够尽量自动注册，成功后直接对外服务。

2. 配置中心化

配置是系统比较重要的一部分，不同的配置能够让软件有不同的功能和表现。对于分布式系统，配置文件是否能快速下发，也是一个比较重要的话题。

重要的配置要做到中心化，由一个配置中心来统一管理不同配置的下发和修改。最初的配置文件一般都是写到代码中，甚至写死到代码中，导致每次修改配置时都要进行一次发布操作。

配置的管理有以下几种。

（1）写到代码中（不推荐）。

（2）写到配置文件中，增加代码管理。

这种方式要求根据机器不同的环境变量选择对应的多个配置。但是有几个问题：

● 配置中有些敏感信息，比如密钥等，加入代码库，不安全。

● 修改配置不方便，每次修改都要记得代码入库并加入版本管理，而且每次修改配置时还要发布代码，流程较复杂。

（3）实现一个配置中心，通过专门的模块下发配置到机器上。服务通过内部的 API 调用内存中的配置信息，读取到配置信息之后进行操作。配置和业务解耦，配置中心只负责维护配置的稳定下发，以及配置的版本管理，保证配置能够快速回滚和下发。业务只要写好自己的业务代码逻辑即可。同时，配置中心根据机器的地理位置、所属号段等信息下发不同的配置。

这种方式要求配置中心要能够做到：配置的快速下发；配置的版本控制；配置信息可视化工具（能够看到内存中的配置内容）。

注意：*新老配置的切换要原子化，防止中间状态影响业务。*

一般不是只有一块内存让新配置覆盖，如果配置太大则会出现还没完全覆盖上，业务就来读，或者业务要等配置写完才能进行操作的情况。解决方案是使用两块内存，当业务正常服务时，写另外一块内存，当另外一块内存写好后，利用指针进行快速切换。

4.5 小结

系统能否实现自动化运维是衡量系统性能的一个重要指标，因为运维是常态化的。自动化运维能够实现线上系统快速切换、出错后快速恢复、快速扩容等。自动化运维能把系统从异常状态转换到正常状态。自动化运维还能提升研发效率，提高系统稳定性，降低误操作风险。

互联网行业之所以能够发展如此迅速，很大一部分原因就是能够用很少的人力，完成较多的工作，根本原因就是计算机程序的自动化能力。

作为一个架构师，在系统设计之初就需要考虑自动化。自动化做得是否好，也是衡量普通工程师和架构师能力的一个重要标准。

第 5 章　灰度升级

灰度从字面意思理解，不是非黑即白，而是在黑白之间有一个过渡的灰色。

灰度升级也是在不升级和全部升级之间的一个状态，把升级的过程从一个短期操作拉长为一个长期的过程，让每一个状态的改变都有一个渐变的过程。

灰度升级并非互联网行业首创，在生活中也有灰度升级的例子。

例如，一种新药大约需要经过 10 年左右的实验和观察期才能上市。先用动物做实验，经过一段时间的观察，动物没有问题后，再寻找志愿者，试用之后还要观察。即使上市，也不是一下子全面使用，也是先在小范围内试用。观察实验数据，保证整个周期内实验结果没问题，再推广到全部市场。

电影产业也是如此，电影在大面积上映前，会先进行点映，收集数据，根据部分用户的反馈来安排正式上映的排片量。而且在正式上映后，也会根据实际数据动态调整排片量。

本质上，药品上市和电影排片都是一种灰度升级。用小部分的实际数据来反映整体数据，收集反馈进行调整。一下子全部放开后，如果结果不符合预期，则会迅速流失用户，导致没有修改的余地。

灰度升级在互联网行业起到的作用最明显，因为互联网产品会频繁开发新特性，也会频繁引入新组件，从而频繁地发布。

互联网业务发布频繁，开发周期短，特性测试的周期不可能很久，外发的特性不可避免会有 bug 带出；业务发展迅速，某些存储介质要变更、机房地址要迁移。有时虽然代码没有进行修改，但由于运行的环境改变了，需要一个测试阶段来适应变化，引入灰度可以更谨慎地操作。

灰度升级要求工程师对运营环境有敬畏之心，即使能力再强，也不能心存侥幸，太过于自信。对于每次重大的发布活动，都要有灰度升级的方案，保证新老版本能够并存，在出问题的时候能够快速回滚到从前的版本。由于灰度升级会同时在生产环境中存在多个产品的版本，所以灰度升级也比较适合做 A/B 测试，用来验证多个版本的特点，对效果进行比对。

做好灰度升级，能够尽可能地减少由于变更导致的线上事故，大大提升线上系统的服务质量。

灰度升级是为了提升用户体验，给用户提供最好的服务，不会因为某些问题导致全部用户受影响。由于灰度升级会让发布时间加长，增加发布的工作量，需要我们执行好灰度策略，根据不同的业务选择灰度升级的方式。

5.1 策略

灰度升级的策略有很多，有从用户角度升级的（例如，按照某些号码、号段进行灰度升级），也有按照地域升级的，还有按照游戏中的服务升级的，按照流量的随机分配升级的⋯⋯

在众多策略中，并没有哪种方案一定优于另外一种方案。在架构设计中，要根据业务特性，结合具体的情况，选择最适合的方式。

灰度升级的本质是在出现问题时及时发现，即使出现问题，也能够把影响降到最低。

5.1.1 按照用户身份执行灰度策略

按照用户身份执行灰度策略是为了快速收集用户反馈，及早发现问题。一般适用于开发一个新项目，实现一种新玩法，在产品层面进行灰度升级的场景。因为不同身份的用户，对于新版本造成的 bug 的反映程度不同，反馈 bug 的热情也有差异。

常见的例子是先"灰度"公司内部用户。因为公司内部成员对需求的理解度高，信息反馈渠道也最快。在面向最终用户前，把明显的、容易引起争议的功能先在内部体验，结合内部反馈讨论出结果并进行修复。一些产品体验问题、明显的文案或性能问题能够及早发现。比如做一个春节的活动，可以提前在公司内部试用，让大家提前参加活动，体验玩法。一般在游戏开发行业应用得比较多。一个游戏的新玩法，会先让内部开发人员和相关部门的工作人员体验。根据体验反馈明显的问题，或者说出游戏过程中的困惑，如果有问题，则在对外发布前就尽快解决问题，修改的成本也是最低的。

公司内部体验阶段结束，再让比较爱尝鲜的用户体验。因为这部分用户是"硬核"玩家，他们对产品体验得比较深刻。例如，游戏可以在体验服先"灰度"给用户使用。提前体验的用户都是通过问卷招募过来的热心用户，运营人员可以建立聊天群，发现问题时可以快速反馈。同时对这部分用户设置奖励，提升用户反馈问题、体验新版本的积极性。

最后对外网普通用户执行灰度策略，"灰度"这部分用户时，要多关注投诉渠道，查看投诉趋势，根据投诉内容和趋势来控制灰度升级的节奏。随着灰度量越来越大，问题也在不断收敛，全量用户都体验了新版本、新特性。

按照用户身份执行灰度策略的流程如下图所示。

5.1.2　按照号段执行灰度策略

在按照用户身份"灰度"的时候，最后"灰度"外网普通用户，采用什么策略呢？一般采用按照号段"灰度"的方式。

主要有两个原因：

（1）按照号段"灰度"在程序上容易实现，因为号段是一个个区间，用两个变量就能表示一个范围。如果是随机的（众多离散值），则增加了存储的实现逻辑的复杂性。

（2）许多后台逻辑架构都是按照号段来部署的，如果按照号段"灰度"，和切分的部署逻辑吻合，则可以按照部署的物理位置更新程序，降低灰度部署的复杂性。

可以按照号段，在一周的发布期内完成灰度升级，如下图所示。

未发布	前25%号段	25%-50%号段	50%-75%号段	75%-100%号段
第一次发布	前25%号段	25%-50%号段	50%-75%号段	75%-100%号段
第二次发布	前25%号段	25%-50%号段	50%-75%号段	75%-100%号段
第三次发布	前25%号段	25%-50%号段	50%-75%号段	75%-100%号段
第四次发布	前25%号段	25%-50%号段	50%-75%号段	75%-100%号段

5.1.3 按照命令号执行灰度策略

按照用户身份和用户号段进行灰度升级是让用户全量使用新功能的一种灰度方式。有时我们可以让被"灰度"的用户只使用部分新功能。每个用户都被"灰度"，但每次只使用一小部分功能，逐步使用全部新功能。相当于切分中的垂直切分，把产品特性垂直切分，让用户能够在灰度期间体验一部分新功能。

按照命令号进行灰度升级一般用于后端系统重构、优化性能的场景——用户使用的功能变化不大，性能会有所提升；用户感知不大，后端研发人员根据监控视图来评估灰度升级的效果。

例如，优化登录逻辑，修改了验证票据的算法，提供一个新的效率更高的协议。在用户登录的时候，随机选择使用新的命令号协议进行灰度升级。

同时在后端对新命令号的请求量、成功失败率、时延、性能对比数据进行观察，分析是否符合预期，根据结果安排放量速度。灰度升级进度示意图如下图所示。

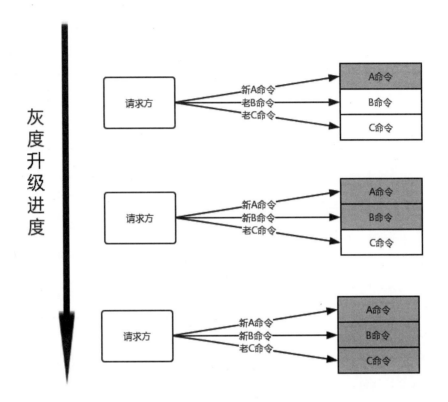

5.1.4　按照时间执行灰度策略

对于一些常规需求的发布，特别是无状态的服务，采用按时间"灰度"的方式比较好。作为一个常规需求，我们按照时间"灰度"，保持一个周期完全发布的节奏，把灰度升级纳入日常的发布规范中，可以有效地控制服务质量。

有的互联网公司每周都要进行版本发布的操作，对于一些常规版本，把一周定为一个发布周期，一周发布 4 天，周一发布 10%，周二发布 20%，周三发布 30%，周四发布 40%。四天累计发布 100%。周五不发布，防止周末发现问题来不及处理。

一周发布一个版本，中间发现有问题后及时回滚，保证每次发布都不会对 100% 的用户造成影响。经过四天的"灰度"，把发现问题的周期拉长。

下图是按照时间"灰度"的情况。

由于是团队开发，同一时间会开发多个不同的特性，而且不同特性的优先级不同，导致同一时间有多个特性在处于灰度状态。这时要调整好优先级，优先"灰度"紧急的特性，防止紧急的特性因为不紧急的特性回滚而发布不成功。同时尽快发布完紧急的特性，减少线上多个版本共存的情况。

在设计之初就要考虑灰度升级，重大特性必须是可"灰度"的，而且是可回滚的。根据业务特点选用不同的回滚方式。例如，用户的核心数据是绝对不能丢的，要有比对和备份，在切换前后、回滚前后核心数据能够保持一致，必要时要能够同时双写。

对于一些不重要的数据，或者重建数据代价不大的业务，可以适当丢弃，需要时重新建立即可。例如，用户的缓存，因为双写会增加开发的复杂度，延长发布周期。如果删除重建数据的速度更快，而且对用户没有影响，则最好不要双写。

在灰度升级过程中出现问题时，按照运营事故的处理方式，先恢复服务，保证对用户的服务是正常的，然后进行调试寻找问题。

由于灰度操作提高了发布的复杂性，所以要将发布流程规范化，让发布自动化、灰度配置化，只由人工触发，并且在灰度升级后通知发布人员，观察灰度升级后发布的数据。

监控和日志也要做到完善。

一般在数据发布后，至少要观察十分钟左右的监控视图，还要亲自对线上起作用的业务进行实际验证。一般观察的指标有以下几个：服务器的内存、CPU、磁盘、网卡的数据是否有异常；新程序是否按照预期启动；新老服务的请求量是否在正常区间；新增脚本或新增程序是否运行正常。

有时灰度策略是几种方法的合并。例如，一款游戏的服务端程序的新版本优化了性能表现，就可以综合使用按用户"灰度"、按号段"灰度"、按时间"灰度"的集中策略。

- 按用户"灰度"：先内部体验，然后发布体验服。
- 按号段"灰度"：针对不同大区，按照玩家人数从少到多的顺序进行"灰度"。
- 大区灰度的时间安排，也是按时间进行灰度升级的，根据灰度结果控制灰度节奏。

每种灰度策略一般都不是单独使用的，最终目标都是为了稳定发布全量版本，架构师要根据不同场景的需求，选择合适的灰度策略。

5.2　灰度部署方式

业内也有一些成熟的灰度部署方式供我们参考。

5.2.1　蓝绿部署/发布

蓝绿部署要求有两套系统，一套提供系统服务，认为是"绿色"的，另一套是准备发布的系统，认为是"蓝色"的。两套系统具备相同的功能，每套都能够提供全量服务。

最初只有"绿色"系统对外提供服务，同时部署好具有新特性的"蓝色"系统，然后在路由层把用户请求路由到新的"蓝色"系统中。当发现"蓝色"系统有问题时，通过回滚路由系统配置，快速恢复到从前的稳定版本。

如下图所示，蓝绿发布的时候，是两套系统直接切换。最开始用户访问的是上方的"绿色"系统，当准备好要发布的"蓝色"系统后，访问切换到"蓝色"系统。

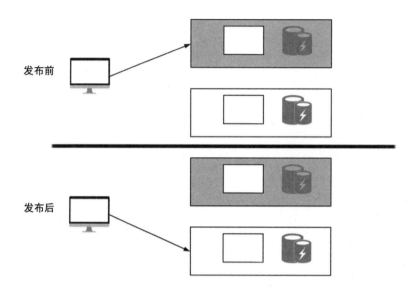

同一时间，线上始终有两个版本的系统在运行，但只有一个版本的系统提供服务，每次发布都可以实现系统的快速迁移和替换。而且日常也可以对"蓝色"系统进行反复的测试、验证。

蓝绿发布可以用在新老系统替换迁移的场景中，但在实际日常发布中使用得较少，主要原因如下：

（1）蓝绿发布对容量的消耗比较大，因为相当于有两倍的系统容量。

（2）在数据层等有状态的模块中，两套系统的切换并不是很容易，产生的数据同步问题比较难处理。

在进行热备的系统切换场景中，可以运用蓝绿发布。

5.2.2　金丝雀发布

17世纪，英国矿井工人发现，金丝雀对瓦斯这种气体十分敏感。空气中哪怕有极其微量的瓦斯，金丝雀也会停止歌唱；而当瓦斯含量超过一定限度时，虽然人类毫无察觉，金丝雀却早已毒发身亡。当时在采矿设备相对简陋的条件下，工人们每次下井都会带上一只金丝雀作为"瓦斯检测指标"，以便在危险状况下紧急撤离。

金丝雀发布就是先从负载均衡列表中空出要进行金丝雀发布的机器，然后升级该机器为金丝雀版本。观察金丝雀版本的正确性，如果没有问题，再逐步升级其他机器，直到全部机器升级为最新版本。这个过程有点类似于测试中的冒烟测试，用一个最小的单元来快速验证发布的正确性。

当有多个服务时，先选择小部分流量来做金丝雀发布验证，如下图所示。

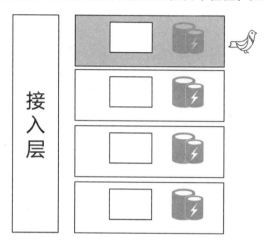

5.3　注意事项

在灰度升级的过程中，有以下几个维度需要注意。按照灰度升级策略，研发人员需要一些运营指标来观测升级的有效性。

5.3.1　数据采样

灰度升级是为了逐步验证升级版本而产生的。所以在未"灰度"时，就要考虑好验证灰度升级成功与否的数据指标。当灰度升级开始后，能够有地方查看新老版本的数据，同时对数据进行比对。

灰度升级要求在开发阶段就要在程序层面完善监控的上报。而且对于需要数据分析的场景，例如用户使用习惯、使用时长的统计分析，在这个阶段也要进行分析程序的开发工作。

一般对于程序优化类的灰度升级，比较好衡量。对比前后的成功率、访问量和时延的比值等，就能够衡量出优化后的效果。

对于产品体验类优化的灰度升级，衡量的时候要注意，如果是按照用户来"灰度"的，那么要根据用户的特点选取老样本进行比对。例如，在未发布新版本之前，会有一个全体用户的使用时长的数据。当"灰度"给体验服或爱尝鲜的用户时，也会得到一个使用时长的数据。通常都是后者高于前者，但不能得出这次优化后的体验比以前有提升的结论。因为相比于全体用户，活跃用户本身的使用时间就长，而且对于尝鲜版本，用户目的明确，就是要多体验，说明不了优化产品体验的全部效果。详细的数据对比过程已经超出本书要讨论的范畴，需要阅读一些概率和统计学相关书籍。这个例子告诉我们一个道理：在评估优化效果的时候，即使有数据，也要分析数据背后的逻辑，防止出现因为采样不对影响分析结果的现象。

5.3.2　及时回滚

灰度升级之前，要做好最坏的打算——在灰度升级过程中如果出现发布异常，不符合程序运行预期的时候，要如何回滚以保证线上服务正常？这是在架构设计之初就要考虑的问题。

灰度升级前要有快速回到原始状态的预案，而且有尽快查到出错原因、尽快修复的方案。

如果出现问题不能回滚，那么系统就会处在一个进退两难的局面。一方面因为版本问题不能继续发布，另一方面回不去从前的稳定状态。用户体验的一直是一个有问题的版本，恢复的时间取决于 bug 修复的时间。这就要求研发人员快速修复 bug，然而通常修复时间都是不可控的。

如果是存储类的程序出问题，那么不能回滚可能导致数据进一步写错，最终用回档来恢复数据，对用户的影响很大。

把数据回档也要强于没有数据可用，所以一般都会先备份数据，然后思考如何做到回滚逻辑层的同时把数据层也一并恢复。一般可以采用双写，要求新老两种逻辑的数据格式兼容。这样只要修改灰度标记，就能马上恢复服务，不至于数据展示混乱。

5.3.3　周期完全

虽然灰度升级的方式有很多，保证用户最终能体验到最新的服务。但并不是"灰度"完全部用户，观察业务没问题，整体就一定没问题。一种常见的灰度升级时容易忽略的现象是灰度升级的周期不足，灰度升级的周期没有覆盖产品特性中的整个生命周期。

例如，一个抽奖活动的产品特性是用户每天签到参与抽奖，如果用户连续 31 天都参与抽奖，则会有一个抽大奖的机会。这个产品特性的周期是 31 天，在第 31 天结束后，才能完成整个产品设计的全部逻辑。如果是按照 7 天的周期进行灰度升级，第 31 天抽奖有 bug，则会影响全部用户。如果这个特性一定要"灰度"完全，则灰度的周期要大于 31 天，可能每个小灰度周期都要 31 天，经过多次灰度升级才能达到。

但是，有时灰度升级的时间没有那么长，如果产品的周期是四五个月呢？不可能要等四五个月才完成全量灰度升级。

这时可以从产品方面进行改进，达到在短时间内触发全部产品逻辑，实现全量灰度升级的目的。例如，上面的 31 天抽大奖，可以改为 7 天抽大奖，把 7 天的奖品设计为一个小一点的奖品。既保证了先用的用户能够体验完整周期，又能达到有问题不会影响全部用户的目的。

5.3.4　测试完全

测试人员可以帮助开发人员验证一些边界条件，找到代码中不易察觉的 bug，对于提升软件稳定性有着重要的作用。

但是，作为开发人员，不能完全依赖测试人员，开发人员是系统质量的第一负责人。而且开发人员对于自己的代码是最清楚、也最能做好自测的。开发人员要保证代码经过充分的自测，再提测；要保存好以往单元测试的用例，能够在每次修改代码时都重新运行一遍用例，提升测试的效率。单元测试的用例也是一种交接项目、了解项目的有效工具。

除了自测，开发人员还要具备快速构建测试环境的能力。当发现问题时，能够通过不同的环境，快速复现问题，利用测试环境进行调试验证。

一般要准备以下几种环境：

- 开发环境——开发人员开发时用于调试的环境，经常是远程的开发机，或者开发人员的办公电脑。
- 自测环境——一台远程的服务器，开发人员用来把程序部署到自测的环境中，可以进行各种验证和修改操作。
- 测试环境——提供给测试人员用的环境，要求在测试期间稳定，而且要按照外网的标准进行部署，具备模拟外网、验证外网正确性的能力。

- 预发布环境——和对外服务的环境一模一样，只是系统在对外发布之前，先发布到预发布环境。做最后的验证时，使用的软件版本和用户信息都是真实的对外版本和用户 ID，开发人员用自己的 ID 进行登录验证。
- 正式环境——最终服务用户所使用的环境，通过该环境对用户提供服务。

以上各个步骤和各种环境的搭建，都是为了最终能够在正式环境中减少 bug，提供稳定服务所进行的操作。

5.3.5　充分验证

在实施一些迁移服务类的灰度策略时，要做到充分验证、客观举证。特别是做一些已有业务的迁移操作，客观举证是必须要做到的。

例如，一个老的图片系统，由于存储服务升级，要把图片系统迁移到新的存储服务中。通知各业务方进行迁移操作，所有业务方都反馈迁移成功，是不是就可以把老图片系统停机了呢？

不是的，要通过观测客观数据确定是否可以停止老存储服务。不能业务方说没流量就切换系统，而是要亲自验证（抓包）。还要根据流量监控和日志，验证反馈是否正确，是否有遗漏。

为了迁移的顺利进行和高效工作，按照规模分别组织迁移，给出迁移的基本通用方案，让业务方能够做到快速迁移，快速检测迁移效果。当有业务方反馈迁移成功后，能够验证是否迁移正确、完全。定期推动迁移进度，防止业务方忘记迁移，导致迁移时间过长。迁移时间尽量越短越好，否则在迁移的过程中很难处理新的需求。

而且，了解哪些业务在使用老图片系统也要用客观的方法。不能发送一个全员邮件，让大家主动反馈。这样反馈可能会不完全，而且会干扰很多与此无关的人员，低效且不准确。

一个好的方法是通过系统访问日志，根据 IP 地址等信息联系到相关人员。

系统迁移类需求通常要做好以下几步：

（1）要考虑迁移可以回滚。

（2）要有迁移前后效果的对比。

（3）对老系统要有监控，是否真的没了流量，而不是依赖于具体业务迁移方，要相信自己的眼睛。

（4）有一个冷却时间，过了冷却时间再"下线"服务器。

（5）下线操作全部完成后，要有一个全体通知，让大家都知道从前老的服务已经结束，并给出新服务的使用方案。

开发人员要做到充分验证，查看数据没有老流量后，才能做下线处理，有时周期会非常长。而且尽量让调用方少做操作，如果能无缝迁移，业务方无感知，则需要做好切分和扩展。一般是在系统设计初期就给出通用的协议和方便切换流量的方案。如果有些操作由于历史原因没做到，则可以采用灰度升级的方法来达到最终迁移成功的目的。

互联网注重速度和敏捷，要达到质量稳定、测试完全和快速发布三者之间的平衡，灰度升级是一个有效的方法。灰度升级可以让影响尽量小，快速发现变更中的问题，把由于程序问题引起的影响降到最低。在实行灰度升级的时候，要有回滚方案，能够主动发现问题并反馈，在发现问题后快速修复。

5.4　案例——系统迁移下线操作

下面以一个常见的系统迁移的案例来加深对灰度升级的理解。

互联网业务变更得非常快，随着业务规模扩大，线上的业务也会涉及重构和迁移。比较难的就是存储迁移，可能是从前的存储不适合新的业务模型了。例如，从关系型数据库迁移到 NoSQL 数据库，或者数据的存储格式发生了巨大的变化。

为什么说涉及数据迁移的业务最难呢？因为数据是有状态的，如果切换后发现新的写存储数据有问题，是很难修复的，也很难发现。不像逻辑层和接入层，方便"灰度"，即使出问题，马上回滚就能恢复。

任何涉及数据的迁移或更新，都有一个原则：具备验证和比对以及回滚的能力。

5.4.1　验证和比对

数据迁移后，要有办法验证这次迁移是成功的。只是从代码上说，前后逻辑都一样，肯定没问题——但这是靠不住的。我们要从结果、从用户的角度来进行验证，查看新老数据是否一致，是否有问题。

一般的验证方法是双写。老的数据库还对外提供服务，把写操作同步一份给新数据库，两个数据库一起写。把有改动的用户数据同步过来，然后写一个同步程序，把所有用户的全量数据导过来。检测程序，根据每个 Key 进行比对，定期把库里所有的新老数据进行比对。当比对率达到阈值后，还要设计一个数据比对层，用户读写的时候先进入比对层，同时同步新老两个逻辑层的数据包，也接收回包。然后把回包进行二进制比对，保证返回给用户的数据也是一致的。

当数据都一致后，就可以切换了，切换后以新服务为主，老服务为辅，老服务也会接收同步数据。

5.4.2 回滚

为什么验证和比对中老层还要接收新层的同步数据，直接切换不好吗？这是因为万一切换后出现 bug，发现其他地方有问题，可以马上回滚回老数据，保证线上服务正常，给开发人员修复 bug 留下充足的时间，不会有很大的时间压力。如果不能马上回滚，则只能在线修复 bug。后续的每次发布和修改，对开发人员的个人能力和状态依赖较大，不可控因素太多，很难保证服务质量。

有时重构的过程中会发现从前的错误数据或逻辑 bug，这时不建议马上修复，新的逻辑要先和老的逻辑数据对齐，稳定后再修复老 bug。否则 bug 改完后就没有一个标杆来验证数据是否一致了。

为了达到稳定迁移下线的目的，开发人员多做了很多工作，看上去有些效率太低。之所以做得这么慢，周期这么长，主要是为了保证正确性，保证万无一失。欲速则不达，如果数据错了再去修补，那么时间花费得更多，而且有时数据是补不回来的，只能回档，那时给用户造成的损失就更大了。一些大型的互联网业务，如 QQ、微信、淘宝等，架构和数据存储都经过了多次升级。每次数据层重构，至少要达到六个 9 的一致性，再经过一段时间观察，升级才会结束。升级周期一般至少以季度为单位。

涉及数据的变更发布，要有数据比对能力，对比最终数据的结果来验证数据迁移后是否正常。只从代码逻辑层面分析是不可靠的，要有备份方案，如果真的有问题，要能够回滚，有回旋的余地。

做到以上这些方面，才能平滑地迁移数据服务。

5.5　小结

灰度升级是一个渐变的过程，通过逐步扩大升级范围，能够让 bug 出现的范围可控，尽量减少由于出现问题给用户造成的影响。

通常按照特性和模块进行灰度升级，也可以按照用户维度进行灰度升级。具体可以根据业务特点进行选择。

在进行灰度升级时要注意以下几个方面：

（1）注意观察运营数据、监控数据、日志，系统是否正常。

（2）具备比对新老两种逻辑的能力。

（3）有回滚预案，出现问题时能够快速恢复。

（4）做到充分的测试。

（5）客观举证。

无论采用哪种灰度策略，有备份和回滚方案是必备的。否则一旦升级失败，系统处于"不上不下"的状态，在新问题没有修复之前，就会一直影响用户体验。灰度升级是一种谨慎对待运营环境的表现，谨慎也是优秀架构师应该具备的一种素质。

第 6 章　过载保护

受限于资源和算法，系统的处理能力不可能是无限的。当外部请求量超过系统的限度时，就会出现过载现象。

当系统超过负载时，不仅是超过承载能力部分的请求不可用，而且会影响全部的请求。就像有一台承重 100 公斤的秤，如果在上面放了 200 公斤的物品，那么很可能会把秤压坏，导致秤失去正常的称重能力。系统过载有时还会伴随着级联失败出现，在同一个调用链的上下游，也会因为级联失败而逐步受到影响，甚至让整个系统都无法达到对外可用。

过载保护就是在系统过载的时候，对已有的系统进行保护——保证系统尽力提供服务，保证承载的正常请求量是正常的，丢弃非正常的请求，让服务始终对外维持在最大服务能力的范围内。本章我们将了解过载的相关概念及如何实现过载保护。

6.1　过载的现象及原因

6.1.1　什么是过载

1. 正常情况

如下图所示，演示系统正常服务时，一个包从客户端发出，到返回给客户端的全部状态。

（1）在第 0s 的时候，客户端发出请求包。

（2）在第 4s 的时候，请求包到达处理进程，由于缓冲区的输入队列中没有包，直接被处理进程得到并处理。

（3）处理进程的处理耗时为 1s。

（4）处理结束，在第 5s 的时候将请求包发给客户端。

（5）经过 3s 进行传输。

（6）在第 8s 的时候请求包到达客户端，一次请求结束。

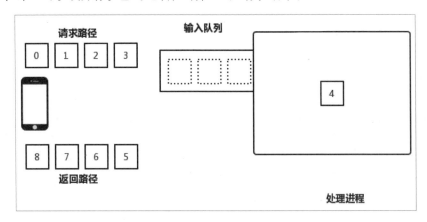

假设客户端的超时时间为 9s，现在处理一个请求只需要 8s，保持这样的发送频率则一切正常。

2. 过载情况

假如客户端发送请求包的速度增加，变为从前的两倍，即每秒发送 2 个请求包，则流程如下图所示。

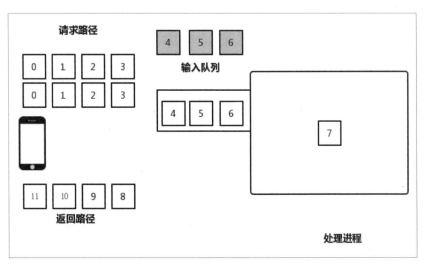

（1）处理进程的输入队列被填满。

（2）在第 0s 的时候，客户端发送 2 个请求包。

（3）到第 4s 的时候请求包进入输入队列。

（4）由于进程 1s 只能处理一个包，所以第 4s 的时候只有一个包进入队列，另一个丢弃。

（5）第 5～第 6s 时，请求包继续在队列中等待进程来处理。

（6）第 7s 时进程开始处理。

（7）第 8s 时处理结束，将请求包返回给客户端。

（8）第 9s 时请求包在返回的路上，但客户端超时时间已到，不等待回包。

（9）第 11s 时请求包到达客户端，客户端发现是超时包，丢弃。

可以看出，处理进程的能力没变，但由于请求的数量变多，变成每秒 2 个，超过了处理进程每秒处理 1 个请求的能力。

收到的请求数量超过了服务能够处理的请求数量，造成了请求积压。如果请求还在源源不断地增加，则会导致缓冲区积累的请求越来越多，最终导致请求在缓冲区停留时间过长。等服务端返回请求时，客户端已经按超时处理，整个处理的过程都变成了无效应答。服务端的缓冲区长度也有限制，当缓冲区内的请求包数量超过限制后，服务端会丢弃新增的请求，图中灰色部分的请求就被丢弃了。

当过载发生后，即使客户端变为正常发送的请求量，一次发送一个，过载的状态也不会改变，唯一有变化的是没有包被丢弃。由于缓冲区一直是满的状态，导致进程处理的都是 3s 前进入队列的老包，处理后再发回客户端就超时了。如果不加以处理，那么一直都恢复不了正常状态。

在实际项目中，过载会导致更严重的级联失败的现象——雪崩。

在分布式系统中，由于某个节点故障或过载，形成请求堆积，最后导致整个系统都不可用的现象被称为雪崩。就像一个小雪球，越滚越大，最后形成雪崩现象。

在上面的例子中，当服务端的模块过载时，会导致其他调用该模块的系统也跟着级联超时，最终导致整个大系统都不能正常提供服务。

6.1.2 过载现象及原因分析

在实际的项目中，过载会导致系统处理的包都超时，同时还会导致系统本身处理的性能下降。过载主要有以下两种情况。

（1）过多的请求导致服务器的处理能力下降。

一般在发生过载的时候，系统是不堪重负的。由于前端会产生大量的超时请求，如果超时重试机制设置不当，触发超时重试，则导致请求数量变得更大，加重了过载的程度。除了程序自动重启，有时如果产品上对用户的引导不合理，也会让用户产生很多无效的重试操作。例如，在电商网站上购买商品，如果支付页面刷新不出来，那么用户一般都会再频繁点击几次刷新按钮，这样又加重了系统后端的负担。

请求数量的增加会打破系统的平衡。例如，服务器收包的程序被频繁调用，占用了大量内存，内存不足又会使用 Swap 分区写磁盘等，最终导致服务器的 CPU 的负载升高。原本的业务进程就"吃紧"，加上 CPU 的负载升高的叠加效应，系统的处理能力下降得更厉害，最终形成恶性循环。

（2）处理能力正常，但返回给前端的应答都被判定为无效。

上面的案例中，系统能够正常处理请求包，但返回给前端的应答，前端都提前认定为超时并返回给客户端。进程做的都是无用功，也不算有效输出。

通过示例和分析发现，过载的根本原因有两个：超时和缓冲区满。

超时是因为前端对于请求的响应有要求，如果超过了时限请求还没返回，则认为请求失败——再次发起重试，或者返回给更上层服务失败。如果前端没有超时的概念，多久返回都可以，那么就类似于队列缓存不关心结果，后端服务处理不过来可以先将请求缓存起来，后面慢慢处理。但互联网业务大都要求即时反馈，所以超时是大多数服务必备的约束，具有超时特点的业务都要考虑如何处理过载问题。

缓冲区积压：系统不可能把全部请求都即时处理，来不及处理的请求会放到缓冲区缓存起来，依次处理。有应用层的缓冲区，在系统层面也有系统收发网络包的缓冲区。当业务过载的时候，处理请求的速度比不上请求增加的速度，就会导致缓冲区中的请求越来越多。当超过缓冲区的大小后，就会导致缓冲区变满，后面的请求无处存放，最终被丢弃。

过载保护就从这两个原因入手来消除过载造成的影响。但过载保护不是要消除这两个原因，而是在系统发生这两种现象时，保证系统的最大处理能力，尽力提供服务。多余的请求还是会被认定为超时或丢掉。过载保护是为了让系统的处理能力不至于为 0，是一种在异常情况下尽力服务的策略。

如下图所示，灰色的部分是超时的请求，过载保护不会处理这部分请求，而是维持原状拒绝服务。

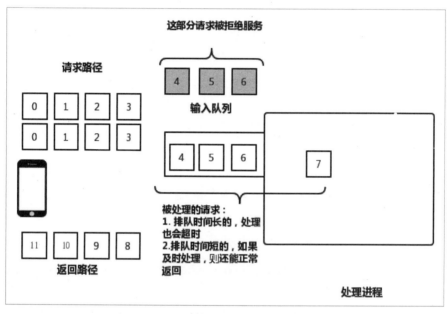

在队列中和被处理的请求包分为以下两种：

（1）请求包排队时间很久，即使处理后返回给客户端也会超时。例如，白色的 4、5、6 请求包，直接丢掉和处理的结果是一样的，还不如直接丢掉。

（2）请求包刚进入队列，如果马上处理，那么返回给客户端时还能正常提供服务。例如，即将进入队列的白色 3 请求包，可以在丢掉 4、5、6、7 请求包后直接处理 3 请求包。

过载保护就是把原本全部要超时的请求划分出一部分来及时处理。不搞"平均主义"，发现迟早都会超时的请求则立即丢弃，或者立即返回过载超时。

6.2 处理方式

通过对过载现象的分析，我们发现过载的本质是超时和缓冲区积压，我们可以从这两方面入手来解决超时和缓冲区积压。后端服务可以限制进入处理流程的流量，尽早拒绝缓冲区内不能处理的请求。请求端也要保证不发送无效请求，保护好后端。

我们还可以从其他角度来降低过载的影响。例如，隔离和控制过载级联的范围。划分多个区域，保证单一部分过载不会影响全局。

我们还需要做好容量评估工作，防止因为容量评估不足而引起过载现象。

下面介绍几种解决过载的方法。

6.2.1　隔离

隔离的本质是"不把鸡蛋都放到一个篮子里"。即使有些服务出现了过载的现象，也不至于所有的服务都受到影响，让全部服务不可用。隔离的方法有轻重分离、运营商分离、业务分区分离几种。

1. 轻重分离

轻重分离是指分清业务的主干逻辑和分支逻辑，将业务分开部署，不至于分支逻辑过载时，占用主干逻辑的资源，导致所有模块受影响。

一般在 Web 类应用中，图片和 CSS 等静态资源会有专门的下载服务器，甚至是专用的域名。这么做就是为了保证主要处理业务的逻辑，不会和下载资源的逻辑模块互相争夺资源，也保证在带宽紧张的情况下，服务尽量可用。

2. 运营商分离

由于用户分布在不同的运营商，可以按照运营商进行分离。不同运营商的机房的分布也不同，天然造成了隔离的屏障，可以按照电信网、联通网、移动网、教育网的维度部署服务。

3. 业务分区分离

按照游戏的大区或游戏划分的虚拟世界来进行分离，每个大区的业务独立部署，当其中一个大区人数过载时，其他大区还可以正常提供服务。

6.2.2 限流

分离是为了让故障态服务和正常服务分开，并没有解决超时的问题。

发生过载的原因主要是缓冲区满，导致处理的请求超时。所以限制流量，尽早拒绝过载状态的请求，能够保证服务尽量处理负载过程中的请求。

限流的方法有以下几种。

1. 计数器算法

计数器算法是在一定的时间间隔内，记录请求次数，当请求次数超过该时间间隔时，就把计数器清零，然后重新计算。当请求次数超过间隔内的最大次数时，拒绝访问。

这种方法实现简单，但有一个明显的缺点，那就是在两个间隔之间如果有密集的请求，则会导致单位时间内的实际请求数量超过阈值。

例如，一个接口每分钟允许访问 100 次。实现方式如下：

（1）设置一个计数器 count，接收一个请求就将计数器加一，同时记录当前时间。

（2）判断当前时间和上次统计时间是否为同一分钟。

● 如果是，则判断 count 是否超过阈值，如果超过阈值，则返回限流拒绝。

● 如果不是，则把 count 重置为 1，判断是否超过阈值。

如下图所示，该计数器算法要求每分钟请求的阈值不超过 100 个。

伪代码如下：

```
//返回当前的请求是否应该被限流
bool CounterLimit()
{
```

```
    time_t now = time();//获取当前时间
    static time_t last = 0;//上次统计时间
    static int counter = 0;//每分钟的计数
    if(now >= last+60)
    {
        //如果为新时间窗口，则重新计数
        last = now;
        counter = 0;
    }
    ++counter;
    return counter >= 100;//判定计数器是否大于每分钟限定的值
}
```

　　这种方法有一个缺点，当在时间临界点的时候（比如 0：59 时刻），瞬间来了 100 个请求，这时能够正常处理请求，然后在 1：01 时刻的时候，又来了 100 个请求，这时也能够正常处理请求。但在 2s 内，一共处理了 200 个请求，可能会造成后端过载。该算法实现简单，如果两个峰值出现在计数器清零的临界点附近，则会造成在时间间隔内超过阈值的现象，可能导致后端过载。如下图所示，第一分钟和第二分钟的交界处分别来了 100 个请求，此时不会限流，灰色部分的时间跨度内的请求量会让后端过载。

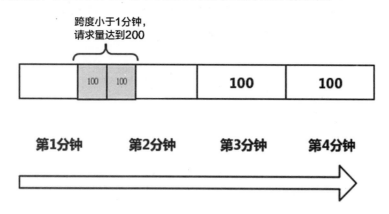

2. 滑动窗口算法

　　滑动窗口算法弥补了计数器算法的不足。滑动窗口算法把间隔时间划分成更小的粒度，当更小粒度的时间间隔过去后，把过去的间隔的请求数减掉，再补充上一个空的时间间隔。

　　如下图所示，把一分钟划分为 10 个更小的时间间隔，每 6s 为一个间隔。

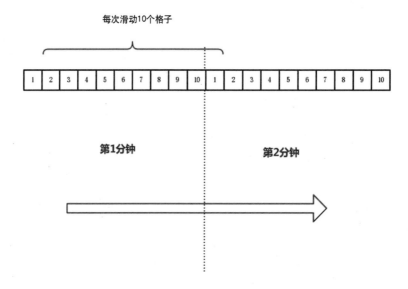

（1）一个时间窗口为一分钟，滑动窗口分成 10 个格子，每个格子 6s。

（2）每过 6s，滑动窗口向右滑动一个格子。

（3）每个格子都有独立的计数器。

（4）如果时间窗口内的所有计数器之和超过限流阈值，则触发拒绝操作。

如下图所示，滑动窗口算法比计数器算法控制得更精细。

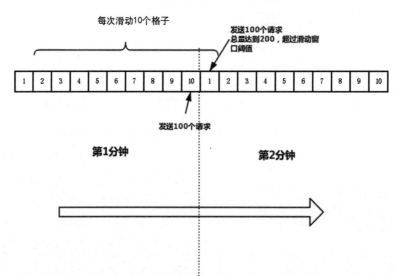

　　用户在 0：59 时刻发送了 100 个请求，第 10 个格子的计数器增加 100，下一秒的时候时间窗口向右移动一格，这时再来 100 个请求就超过了阈值，不会再处理新来的 100 个请求，这样就避免了计数器场景出现的问题。

　　滑动窗口设置得越精细，限流的效果越好，但滑动窗口的时间间隔（上图中的小格子）多了，存储的空间也会增加。

```
//返回是否要限流
bool SlideWindowLimit()
{
    const static int size = 10;//滑动窗口的大小
    static int window[10];//存储滑动窗口的数组，每移动一个小格子，更新对应的数组项的值
    static int curId = 0;//当前窗口的 ID
    static int counter = 0;//当前窗口计数总和
    time_t now = time();//获取当前时间
    static time_t last = 0;//上次统计时间
    if(now >= last + 6)
    {
        //移动时间窗口
        int frontid = (curId + 1) % size;
        counter -= window[frontid];
        curId = frontid;
        window[curId] = 1;
    }
    else
    {
        //还在当前时间窗口，计数加一
        ++window[curId];
    }
    ++counter;
    return counter >= 100;//判定计数器是否大于每分钟限定的值
}
```

3. 漏桶算法

　　漏桶算法比较形象，设想有一个桶，桶的底部有一个洞，当装上水的时候，水会一滴一滴地从底部漏掉。当装的水太满的时候，水会溢出来，但底部漏水的速度还是不变的。

　　底部漏水的速度就是系统处理的速度，桶里存储的水就是上游过来的请求。当请求太多，超过桶（系统）的容量时，就会被拒绝。系统只在另一端按照固有的速度处理请求。

如下图所示，外部的请求随机而来，把"桶"填满后，装不进"桶"的请求被丢弃。每秒从"桶"中匀速"漏出"一定量的"水"（请求），服务进程处理漏出的请求包。

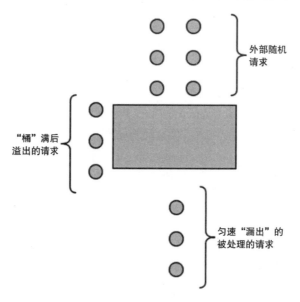

伪代码实现如下：

```
//参数 capacity 为桶的容量
//参数 rate 为桶漏水的速度
//返回是否应该被限流
bool LeakyBucket(int capacity, int rate)
{
    static int cur = 0;//当前累计请求数
    static time_t last = 0;
    time_t now = time();
    cur = max(0, cur - (now - last) * rate);//计算剩余水量
    last = now;
    ++cur;
    if(cur >= capacity)
    {
        cur = capacity;
        return true;
    }
    return false;
}
```

当请求突增的时候，漏桶算法能够保证处理速度总是恒定的。应对处理速度非恒定的

情况时需要使用令牌桶算法：

- 在系统启动时，如果想让系统有一个陆续启动的过程，则不要一下子接收太多请求，让系统处理的请求量平缓上升到最大处理能力。
- 系统可以在一些时刻处理突增的请求，只要持续时间不是很长，系统有能力处理即可。

4. 令牌桶算法

令牌桶算法和漏桶算法不同的是，有时后端能够处理一定的突发情况，只是为了系统稳定，一般不会让请求超过正常情况的 60%，给容灾留有余地。但漏桶算法中后端处理速度是固定的，对于短时的突发请求，后端不能及时处理，和实际处理能力不匹配。

令牌桶算法是以固定的速度往一个桶里增加令牌，当桶里令牌满了后，就停止增加令牌。上游请求时，先从桶里拿一个令牌，后端只服务有令牌的请求，所以后端处理的速度就不一定是匀速的。当有突发请求过来时，如果令牌桶是满的，则会瞬间消耗桶中存量的令牌。如果令牌还不够，那么再等待发放令牌（固定速度），这样就导致瞬时处理请求量的速度超过发放令牌的速度。

如下图所示，灰色部分的是令牌桶，有容量限制，只能最多存 capacity 个令牌，每秒以固定的速度向桶中增加令牌，如果桶的容量满了，则等待桶中的令牌被消耗后，再增加令牌。另一边应用进程拿到令牌后才处理请求，如果没拿到令牌，则不处理该请求。

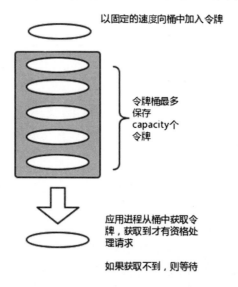

（1）有一个固定容量的桶存放令牌（Token）。

（2）桶初始化是空的，以一个固定的速度（rate）向桶里填充 Token，当达到桶的容量时，多余的令牌被丢弃。

（2）当请求到来时，从桶里移除一个令牌，如果没有令牌，则拒绝该请求。

令牌桶控制的是令牌进入桶的速度，对于拿出令牌的速度没有限制，允许一定的突发流量被瞬时处理。

令牌桶伪代码如下：

```
//参数 capacity 为桶的容量
//参数 rate 为令牌的放入速度
//返回是否要被限流
bool TokenBucket(int capacity, int rate)
{
    static int cur = 0;//当前令牌数量
    static time_t last = 0;
    time_t now = time();
    cur = min(capacity, cur + (now - last)*rate);//添加令牌
    last = now;
    if(cur == 0)
    {
        //没有令牌可拿
        return true;
    }
    //拿走一块令牌
    --cur;
    return false;
}
```

上述几种算法的功能逐渐增强，但实现的难度也逐渐增大。由于过载保护是一个通用功能，一般都在框架底层实现，所以采用令牌桶算法是较好的选择之一。实现一次，可以在很多模块上复用。

6.2.3 节流和防抖

节流和防抖是客户端减少后端请求数量的一种方式，大多用在客户端或前端页面，可以在过载保护触发的时候，减少对后端的请求数量。

节流就是当用户多次输入后，只对最后一次的输入进行处理，通常用在由用户短时间触发的场景中。例如，搜索引擎提供的输入提示功能会根据用户输入的内容到服务器上获取提示结果。但只有用户全部输入结束，才需要把请求发送给后端。当用户有一定的停留时，如果停留的时间超过预设的时长，则可以把用户的输入发送到后端来获取结果。也可以按照时间间隔进行处理，一段时间内只发送一次请求到后端，保证不会频繁调用后端。这是因为人的反应是有一定时延的，没必要每次触发都调用后端，在保证用户体验和保护后端服务负载之间做一个平衡。

防抖是控制频率，控制无效请求。当用户在页面上做多个点击操作的时候，设置一个超时时间，如果前一个请求还没返回，并且没触发超时时间，那么会等待请求，而不是直接把后一个请求发送出去。防抖可以保证某一个时间间隔内，只有一个请求正在处理。

节流和防抖虽然是客户端的逻辑，但保护后端不过载是系统全链路的责任。某些服务器在作为调用方的时候，也可以利用节流和防抖实现对后端的过载保护。

6.2.4　动态调节

上面说的隔离和限流，相对来说还是静态的方法。在系统上线之前，就先通过测算得到一个固定值，保证在运营过程中，请求量不会超过这个固定值。

虽然限流能够有效控制频率，但限流的根本原因是请求包需要的资源超过了服务方能提供的资源限制。在实际场景中，可以根据服务方对计算资源的反馈动态调节。例如，有的按照处理的时延进行限流，发现超过了前端等待的时间，服务端就主动结束对该请求的处理。有的按照数量进行限流，发现在单位时间内超过一定数值，就主动结束。还有的是监控 CPU 负载进行限流，发现 CPU 负载达到阈值，就丢弃正在处理的请求。动态调节的本质就是建立一个资源使用的模型，找到资源的瓶颈，监控瓶颈或和瓶颈相关的信息并采取措施。

因为在实际运营过程中，架构复杂，发布频繁。一个从前每秒能处理 10000 个请求的模块，可能在一段时间后，加入了众多逻辑，导致每秒只能处理 8000 个请求。即使限流生效，最终也会出现过载的情况。所以需要通过一些最终指标进行动态调节，“以不变应万变”，实现有效的过载保护。

根据前端超时时间来控制缓冲区请求是否要进行处理是一种常用的方法。

假设前端超时时间为 800ms，业务处理请求占用 100ms，当缓冲区超过 8 个请求包时，导致进程一直处理 800ms 以前的请求，前端就会一直超时。处理的方式是读取请求包进入缓冲区的时间，当发现一个请求包在缓冲区停留的时间超过 600ms 时就丢弃该请求。这里设定为 600ms 是为了保留一定的缓冲空间。

丢弃请求包的时候也是有策略的，不是一次只丢一个。在发生过载的情况下，通常后面的请求包也是超时的，这时可以批量丢弃请求包。例如，一次就丢掉后面的 50 个请求包，或者直至缓冲区中的请求包都被丢光为止。然后检测后面到达缓冲区的请求包的停留时间是否超时，如果不超时，则恢复正常服务，如果超时则继续丢弃。

还有一种动态调节是业务层面上的。例如，一个游戏的房间大区能够容纳的玩家是 1100 个，当超过 1000 个玩家的时候，就不再继续接待新的玩家，拒绝服务。此时在大区列表上隐藏进入大区的入口，让用户选择进入其他房间。当该区的用户量小于 900 的时候，再展示该区的入口，让用户能够进入。

为什么不是小于 1000 的时候才让用户进入呢？为了用户体验。因为有时大区中的用户数在隐藏触发值（1000）附近来回波动，导致在列表页不停地波动展示大区入口。用户在客户端一会儿能看到该大区，一会儿看不到该大区，影响用户体验。

另外，在拒绝服务的时候，要留有一些余地，不能等到服务达到 100% 负载的时候才让请求排队并拒绝请求。而是要设定一个预警值，达到预警值就触发过载处理操作。

6.2.5　尽早拒绝

后台处理一个请求，从前到后要经过多个环节、多个模块。从前到后的访问链条中，如果能提早监控到后端有超负载的情况，则前端就要提出拒绝，不要一味地给后端发送请求。可以按照以下几个维度来拒绝请求。

1. 优先级维度

一个进程处理的请求是多样的，一般会处理多个协议。例如，一个交易服务，有的是查看用户的自选股列表，有的是用户的下单操作。相比之下，用户的下单操作的优先级是高于用户查看自选股列表的。在服务降级或丢弃请求的时候，可以按照比例丢弃请求，先丢弃低优先级的请求。当低优先级的请求为 0 后，再丢弃更高优先级的请求，保证优先级高的资源都分配给重要的服务。

2. 调用链维度

有些命令是组合式的，如果采用了优先级维度来拒绝请求，则导致组合后返回给调用方的结果的成功率更低。这时可以按照请求的调用链维度进行降级。例如，通过一定的算法对号码进行降级。

举个例子，一个拉取好友备注的请求，在程序内部逻辑实现时，需要进行两次命令拉取的操作。

（1）拉取好友列表 getFriendList，获取好友的全部 uid 列表。

（2）利用第一步的 uid 列表，批量拉取备注信息 batchGetRemark。

如果触发了过载保护，加入的每个命令都有 10% 的概率被丢弃，则拉取好友备注的成功率变为 $(1 - 10\%)^2 = 81\%$。

原本是 90% 的成功率，组合命令后下降到 81%。所以，在组合命令的情况下，一个完整的请求可以按照用户 ID 的维度来丢弃，提升整个调用链的成功率，保证一部分用户在过载的时候可以得到完整的服务，而不是全部用户都得不到服务。

6.2.6　调整缓冲区大小

如何设置缓冲区的大小？

假设系统处理一个请求包要 1s，前端的超时时间是 30s。那么缓冲区的大小就不能超过 30 个请求包的大小，否则缓冲区满了之后，即使后面的请求都是隔 1s 来一个，本来可以在规定时间处理的请求，最终也会超时积压。缓冲区的最大值要小于超时时间/系统处理时间的值。

这样设置的前提是系统的处理能力恒定不变。为了系统能够不断地适应变化，要根据系统表现的参数来调节过载处理能力，不能只依赖缓冲区的长度。

另外，还要控制请求在队列中的等待时间，如果出现队列积压，则必然导致等待时长过长，超过等待时长的请求应尽早丢弃。而且为了处理迅速，在丢弃的时候，一般是连续丢弃多个请求，再查看是否符合要求。

可以通过负载均衡算法、令牌桶算法来保证服务收到的请求个数不会过载。

6.2.7   减少重试

重试时要有策略，不能按照固定的次数对后端发起重试请求。否则当后端过载的时候，除了应付前端的正常用户请求，还要应付大量的前端重试请求。

前端控制请求的发送频率来保护后端，可以通过协议来协商发送频率。例如，对于前端轮询后端的场景，轮询的频率可以通过后端回包进行调控。后端根据自己的能力，把频率间隔调大。

要结合业务场景，根据业务对数据展示的要求来控制频率，保证在出现过载的时候数据也可以正常展示。例如，在一个静态页面中，使用轮询的方式来查询股票的价格。当收盘的时候，价格是不会变动的。如果设计不合理，只要打开页面就不停地访问后端，那么很多请求都是无效的，凭空增加了接口的负担。在设计时，要根据业务特点选取轮询和重试的策略。

6.2.8   做好容量评估

在实现过载保护策略的时候要慎重，如果误触发过载逻辑，则会导致业务拒绝服务。所以监控的方式要合理、简单，不易产生 bug。还要加强预警，尽量避免过载情况的出现，在发现快过载的时候及时增加资源，避免过载。

过载保护只是一种柔性的方案，基本要求还是要满足用户的请求。过载保护时采用拒绝或引导用户的方式，保证在当前容量下，尽量满足部分用户的处理请求。

雪崩的本质是容量不足，需要我们做好容量管理。当发生雪崩时，可以通过尽早拒绝的策略，保证当前容量的请求量正常。问题解决后，应该尽快增加资源，不至于整个系统不可用。

平时要了解机器的性能，对机器的服务能力、硬件消耗要有所评估，并做好相关的测量和验证工作，同时梳理出业务瓶颈。做好监控，在触发预警之前及时扩容。

容量管理是一个需要长期坚持并不断测量监控的运维任务。因为新特性发布很频繁，所以数据和业务的处理能力都是在动态变化的。

此外，对于系统的容量要有前瞻性。例如，重大节日（双 11，春节）前要做好系统容量的评估和准备。还有一些突发热点事件，提前做不了准备工作，或者做了准备工作，但关键时刻可能超过当初设定的值，则需要做好容量准备和监控设置的工作，能够快速发现容量不足，而且能够在短时间内扩充容量。同时要有柔性预案，防止没有过多的新增容量，或者只是短时突增容量，要有方法能够平稳度过这种容量突增的时段。

6.3　小结

避免过载甚至雪崩的发生，需要注意以下几点：

（1）了解系统的最低处理能力，按照依赖服务的 SLA（Service Level Agreement，服务级别协议，是服务提供商与客户之间定义的正式承诺）的最大值来估算系统的最低处理能力，如果超过则要预警。

（2）系统要有自我保护能力，使用过载保护算法来拒绝无效的请求。

（3）前端要保护好后端，不要给后端超过 SLA 定义的更大压力，防止压垮后端。

（4）对于重试要慎重，不应该无限制地重试。可以按指数级别延长重试的时间间隔，或者根据后端返回的重试时间进行调整。

（5）避免对服务器突发的操作，在逻辑上可以避免不必要的集体触发。例如，之前都是让用户在双 11 当天进行抢购，后来发展为可以先预付款，在双 11 当天只要结清尾款，就能买到商品。这样做降低了系统的压力，同时对用户也更友好，不用在晚上去抢购商品。

总之，过载保护是从前端到后端共同努力的结果，结合业务特点，采用的一种柔性的方式。过载保护的本质是要尽量提供服务。作为架构师要了解系统的最大负载值，知道系统的瓶颈是什么。当系统达到瓶颈的时候能够保障基本服务，为快速恢复全部服务争取时间。

第 7 章　负载均衡

互联网服务的后端使用集群来实现海量的服务请求，为了让集群中的节点均匀地处理服务请求，要用到负载均衡技术。目标是让集群中每个服务的负载都做到均衡，最大限度地发挥集群的处理能力，降低集群中单个节点被请求量压垮的风险。

如果做到负载均衡，那么就达到了控制系统流量的目的。除了保证服务流量分配合理，还能控制流量走向。在迁移服务、灰度发布、比对数据等场景中，负载均衡是基本的保障条件。例如，在迁移服务的时候控制流量走向；在灰度发布的时候控制灰度的数量；在比对数据的时候按照采样规则控制请求流向。

负载均衡处理的方案在业界已经十分成熟，总体有硬件处理方案和软件处理方案两种。硬件负载均衡的设备有著名的 F5，但由于造价很高，几乎没有互联网公司使用该产品来实现负载均衡。

互联网公司的集群服务器众多，从控制成本和灵活性的角度来说，选用软件处理方案的公司较多，本章主要介绍在软件层面实现的负载均衡。

7.1　理论算法

实现负载均衡的软件很多，但本质上都是使用不同的负载均衡算法来实现的，主要有以下几种算法。

7.1.1　基本轮询

轮询就是根据后端有多少个服务节点要分配，按照顺序进行轮流分配，分配完最后一个节点后再轮流回到第一个节点进行分配。

轮询有一个缺点、后端不同节点的处理能力可能不同，简单的轮询会导致真正处理能力强的节点并没有完全发挥处理能力。

下图是轮询请求时，请求包分配的情况。

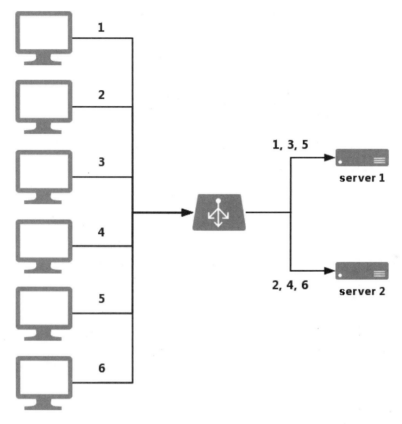

不同客户端对于服务器的访问请求以轮询的方式依次分配给后端服务器。

实现的伪代码如下：

```
//每次转发给后端 server 前调用 RobinSelect，轮询分配给后端
//返回值是服务器的序号，可以根据序号找到服务器的 IP 地址并转发
//参数 serverNum 表示后端服务器总数量，可配置
int RobinSelect(const int serverNum)
{
    static int curServer = 0;//当前要分配的服务器序号，从 0 开始
    if(curServer == serverNum)//如果轮询到最后一台机器，则再从头开始轮询
    {
```

```
        curServer = 0;
    }
    return curServer++;
}
```

7.1.2 加权轮询

加权轮询是对基本轮询算法的一个补充。加权轮询是指给后端的每个节点都赋予权重，分配请求时，不只按照节点数量轮询，而是按照节点的权重来决定轮询的个数。按照权重的总和来轮询，再根据每个权重所属的服务节点来决定将请求分配给哪个节点。

权重高的节点占用的轮询份数较多，被请求的次数增加；权重小的节点占用的轮询份数较少，被请求的次数减少。

下图是按加权轮询分配时，后端分配到服务的情况。

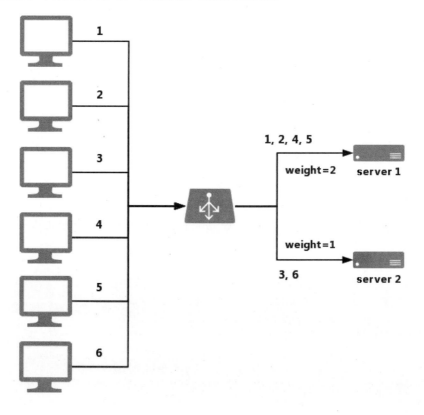

伪代码如下：

```
//serverNum 表示一共有多少台 server，weight 数组表示每个 server 的权重
//返回分配到的服务器序号，从 0 开始计数
int weightRobin(int serverNum, int weight[])
{
    static int curSum = 0;
    static int curServerIndex = 0;
    ++curSum;
    while(curSum > weight[curServerIndex])
    {
        curServerIndex += 1;
        curServerIndex %= serverNum;
        curSum = 1;
    }
    return curServerIndex;
}
```

7.1.3　随机访问

轮询是一种选择节点的方式，本质上是让每个节点被均衡选择。除了轮询，还可以用随机访问的方式，也能够保证在请求数量较大的情况下，每个节点被选择的总次数是均匀的。

随机访问也可以使用权重。具体的做法是先计算全部权重的总和，每次"随机"一个小于或等于总和的数字。每次"随机"后，寻找"随机"的值落在哪个节点的权重之中。从宏观上看，随机访问是分布均匀的，和轮询的效果是一样的。随机访问的优点是每次选择都是无状态的，不用记录上次选择到哪个节点。如果选取的随机算法不够"随机"，则会导致后端的请求不均匀。

（1）后端有 10 个节点，每次选择节点时，直接调用 rand()%10，请求是均匀的吗？

（2）C 语言中的 srand 是选取随机种子，只要在程序启动的时候调用一次即可。在生成随机数的时候，只需要调用 rand 函数，不再需要调用 srand 函数。否则生成的永远是第一个随机数，达不到"随机"的目的。我们将在后面的章节详细讨论随机数。

下图是按随机分配时，后端分配请求的情况。

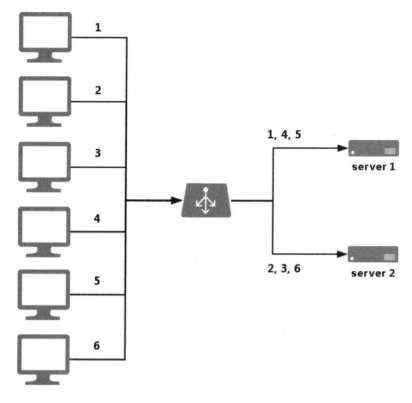

伪代码如下：

```
int RandSelect(int serverNum)
{
    int serverId = getRand(0, serverNum);//getRand 是返回[0, serverNum)之间整数的
                                          //随机数的函数
    return serverId;
}
```

7.1.4　源地址Hash

源地址 Hash 是根据客户端的 IP 地址，通过 Hash 函数的运算把 IP 地址转换为一个固定的数字。根据"Hash"后的数字，对服务器列表进行取模运算，得到服务器的序号。

这种算法的好处是，同一个IP地址所选择的服务器总是相同的。服务器本地缓存数据，对于有状态的服务来说，每次访问都会命中缓存。

除了源地址 Hash，还有目标地址 Hash，和源地址 Hash 的原理类似。

下图是按源地址进行 Hash 运算后，后端分配的请求情况。

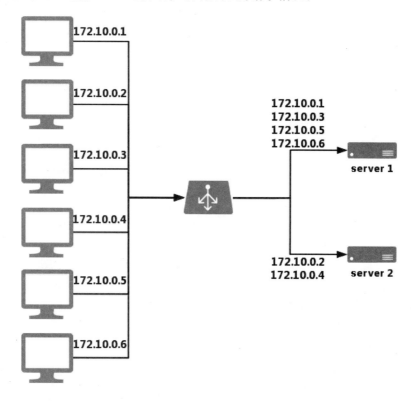

```
int HashIPSelect(const string& IP, int serverNum)
{
    int hash = getHashCode(IP);      //把源 IP 地址进行 Hash 运算
                                     //Hash 函数可以根据业务特点自行选择
    return hash % serverNum;
}
```

7.1.5 最小连接数

前面几种方法的连接数相对固定，最小连接数算法会根据后端服务器当前连接情况来选择连接数最小的服务器进行连接。从服务方的角度来说，每次都会选择有足够资源的服务器进行连接。

和轮询类似，除了最小连接数，也有加权最小连接数，保证能力强的服务器能够连接更多的客户端。

按照最小连接数实现负载均衡，后端分配的请求情况如下图所示。

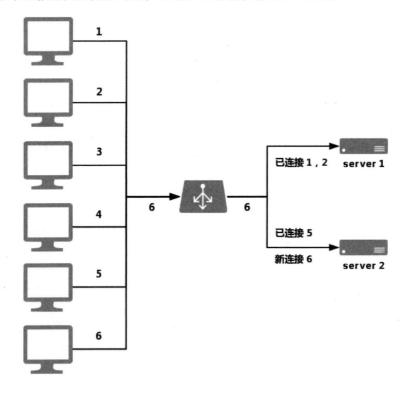

7.1.6 映射分配

无状态的服务可以采用轮询或随机算法。但有些服务是有状态的，例如一些存储或具有缓存的服务。具有固定 Key 的请求要落到固定的节点上，这时就要通过固定的静态分配来均衡分配请求。

1. 注册路由表

建立一个路由表，存储的项目是 Key 和后端节点的 IP 地址，表示某个 Key 要落到后端哪个 IP 地址上。这种方法要求了解 Key 的数量和需要的后端资源。通常用于缓存或固定存储，每个节点 Key 的数量不能大于存储的容量。另外也要考虑 Key 的范围、请求的数量，以及后端能否承受这些访问压力。

实际操作的方案如下：

（1）建立一个表格，存储 Key 的范围和对应的节点。例如，对于号码类的存储，存储的是各个区间段对应的 IP 地址。

（2）把号码压缩，分成小的区间段。例如，100000 个号码作为一个 unit，然后对 unit 采用建立表格的方式进行路由。

2. 计算路由

还可以根据 Key 的值和后端节点的总数来计算 Key 落在哪个节点。在 Nginx 中可以根据 IP 地址进行 Hash 运算，然后用 Key 的值"模"后端 Server 的数量值，得到要服务的后端 server 的 IP 地址，让固定的 IP 地址的请求总是被反向代理到对应的后端。

注册路由表进行扩容或迁移比较灵活且简单，查看配置文件就可以了解整体的情况，增减服务器的时候更新配置即可。缺点是要维护一个路由表，还要保证前端节点要实时同步路由表。

计算路由的好处是简单，只要保持后端节点数量不变即可。缺点是如果后端节点数量更新，则会增加缓存失效的比例。

7.1.7　一致性Hash

一致性 Hash 算法在维基百科中的定义如下：

Consistent hashing is a special kind of hashing such that when a hash table is resized, only K/n keys need to be remapped on average, where K is the number of keys, and n is the number of slots. In contrast, in most traditional hash tables, a change in the number of array slots causes nearly all keys to be remapped because the mapping between the keys and the slots is defined by a modular operation.

翻译过来的意思就是当 Hash 表更新节点的数量时，只有 k/n 的关键字位置有变化，其他关键字的位置的映射关系不变。与一致性 Hash 算法相比，其他算法的节点个数 n 变化后，更多的 Key 关键字和节点的映射会发生变化。

实现一致性 Hash 算法的前提：

● 每个请求的 Key 的范围为$[0,2^{32})$，一共有 k 个 Key。
● 一共有 n 个节点，每个节点对应一个服务器。

1. 常规实现

把 Key 的取值范围内的数字（一共2^{32}个数字）组成一个环，然后随机在这个环上落 n 个点，相邻的两个点形成一个左闭右开的区间，一共有 n 个区间。

每个 Key 一定只落在 n 个区间中的一个区间内，它属于该区间所分配的节点。

当服务节点增加或减少时，会有区间新增或消失，平均只有 k/n 个 Key 会受影响，变更其属于的节点。

如下图所示，在插入节点 C 之前，1、2、3 都属于节点 A，当插入节点 C 后，1、2 归属 C，属于 B 的节点不会改变。

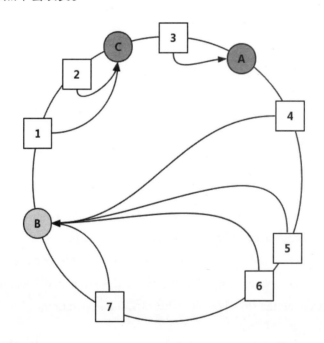

2. 改进：增加虚节点

常规实现在实际应用中会遇到问题：当 n 的数量太少时，会导致 n 个节点所管辖的区间并不均匀。

既然是 n 的数量太少，那么增加 n 的数量不就行了？正解，可以成倍地增加 n 的数量，将一个实际的节点扩充为 100 倍的虚节点，先查找每个 Key 属于哪个虚节点，再查看该虚节点属于哪个实节点。

由于众多虚节点的引入，使得每个实节点被分配到的 Key 的数量差距变小。

如下图所示，增加节点 A 和节点 D 的虚节点后，把区间分得更细小，使每个实际节点被分配到的 Key 的数量更均匀。还可以通过设置权值，让不同处理能力的实节点处理不同量级的 Key。

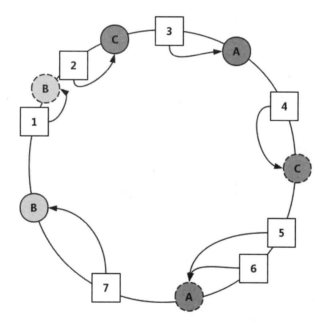

3. 实践经验

经过对一致性 Hash 算法的了解，可以看出一致性 Hash 在节点失效时，对于整个后端系统的冲击是最小的。加入虚拟节点后，优点也特别明显。但在实际使用中，一致性 Hash 算法还是有一些需要注意的地方。

1）加入虚节点

加入虚节点能够解决分布不均的问题，但如何加入虚节点也是有技巧的。如果完全随机，那么就是"撞大运"式的编程。在加入虚节点时要利用搜索算法进行检测，保证每个实节点的区间不能差异太大。必要时要回溯、剪枝，或者使用启发性搜索。最后检测所有虚拟节点负责的范围是否在允许的误差范围之内。

2）节点配置同步

一个实体节点对应多少个虚拟节点并没有一个通用的说法，有的说对应 100 个，有的说对应 150 个。例如，一个大系统的每个真实节点有 150 个虚节点，一共 1000 个实节点，有 15 万条数据。每当更新节点信息时，要保证更新的数据及时准确地同步到其他节点，而且要有检查功能。节点配置的同步和检测也会有很多细节问题，几万条数据也需要经过程序严格的检查。

7.2　动态负载均衡

在实际项目中，每个节点的处理能力不是一成不变的。有些节点出现故障，或者由于外部网络原因，节点能够处理的最大负载会有所变化。在实际工程中，要依据后端节点的状态动态调节负载，达到时刻都均衡的状态。

客户端在调用后端服务时，要了解后端的负载状态，根据后端的负载状态选择能够提供服务的服务器节点。

有时还会人工干预负载状态，例如，服务迁移或流量迁移时，通过配置人工降低某些节点的负载，甚至是禁用。在实现负载均衡组件的时候，都要实现这些功能。

例如，对时延要求较高的请求，需要记录后端不同节点返回的网络时延，通过统计时延、成功率，逐步提升时延低的节点的权重。对于有固定连接数的请求，可以返回后端连接的状态，当后端连接快满了的时候，主动去更新权重，选择连接数不满的节点。同时还要用字段来标识运维状态，在临时停止节点访问的时候，根据节点状态，访问方不去请求临时停止的节点。

实际方案一般都是在理论算法的基础上，结合业务运维逻辑场景，实现动态调节负载的目的。

7.3 常用组件

7.3.1 DNS

DNS 也是一种有效的实现负载均衡的方式。为了扩展后端的服务能力，我们会在一个域名下配置多个 IP 地址。在 DNS 上可以配置访问策略，按照运营商、地域进行优先选择，然后按照随机的方式分配被访问的节点。

DNS 一般用在 Web 类业务中，用户在请求域名的时候，会先访问 DNS 服务器，从 DNS 服务器中解析到真实的服务器 IP 地址，然后通过 IP 地址访问服务器。

如果服务端要做扩容或缩容，则可以通过修改 DNS 配置文件控制服务器数量、地域接入分布及权重等。

DNS 负载均衡的优点：

配置简单，不用单独开发和维护负载均衡服务器。

缺点：

存在多级缓存的问题。由于 DNS 服务器在全球呈树状结构，每一级 DNS 服务器都缓存上一级服务器的信息，客户端也会有缓存。更新不及时，就不能达到配置更新后立即刷新数据的目的。在实际开发中，甚至出现访问一个月之前老 DNS 缓存的现象。

所以，DNS 作为一级负载均衡的手段，主要用于对不同运营商、地域进行接入和分流，后面还要配合 Nginx 或 LVS 等虚拟 IP 地址的方式作为二级缓存。

7.3.2 Nginx

在 HTTP 服务器 Nginx 上也有实现负载均衡的功能，只需要简单地配置，就能够对后端服务进行负载均衡转发。Nginx 支持轮询、最小连接数和 ip-hash 三种方式的负载均衡。Nginx 还可以开发插件，有很多在 Nginx 插件上建立的负载均衡。

默认的负载均衡配置——轮询：

```
http {
    upstream myapp1 {
        server srv1.example.com weight=3;
```

```
        server srv2.example.com;
        server srv3.example.com;
    }

    server {
        listen 80;

        location / {
            proxy_pass http://myapp1;
        }
    }
}
```

上面配置了三台后端 server（svr1 ~ svr3）。通过前面介绍的轮询算法，依次把 80 端口的请求转发给后端的 svr1、svr2 和 svr3。如果在某个 server 上加上 weight 配置，就转换成按权重轮询，默认的权重是 1。

最小连接数：

```
upstream myapp1 {
    least_conn;
    server srv1.example.com;
    server srv2.example.com;
    server srv3.example.com;
}
```

如果按照最小连接数的方案进行转发，那么只需要修改 upstream 的配置即可，在其中加上 least_conn 的配置。

源地址 Hash：

```
upstream myapp1 {
    ip_hash;
    server srv1.example.com;
    server srv2.example.com;
    server srv3.example.com;
}
```

Nginx 还可以按照客户端源地址进行 Hash 运算后转发，保证相同客户端的请求都能落到同一后端的 server 上。只需要修改 upstream 的配置，在其中加上 ip_hash 的配置即可。

7.3.3 LVS

对于分布式网络服务，LVS（Linux Virtual Server，Linux 虚拟服务器）能够基于 IP 层和内容进行请求分发来实现负载均衡。在 Linux 内核中实现调度算法，将服务器集群构成一个可伸缩、高可用的网络服务的虚拟服务器。

当使用 LVS 时，对外展示的是一个虚拟 IP 地址。通过 LVS，根据负载均衡算法转到实际的实体 IP 地址上。算法可以是轮询、随机、源地址 Hash 等，提供多种方式供用户选择。而且会对后端实体机器进行健康检查，当发现后端有异常时，会删除有异常的节点，把请求转到健康的节点上。后端恢复后再把请求重新接入进来。

虚拟 IP 地址除了可以实现负载均衡，还可用来快速切走正在服务的流量。在依靠配置 IP 地址访问后端服务的情况下，可以提供虚拟 IP 地址给调用方。当服务需要替换时，把新的服务的 IP 地址挂载到老的虚拟 IP 地址上，同时去掉有问题的服务 IP 地址。虽然没有用到负载均衡算法，但通过增加虚拟 IP 地址，能够让调用方在没有感知的情况下恢复服务，否则要推动每个调用方更新新的 IP 地址配置。

LVS 的主要实现模式如下：

- NAT 模式——通过修改目标 IP 地址实现；
- DR 模式——通过修改目标 MAC 地址实现；
- TUN 模式——通过 IP 隧道协议实现。

7.3.4 NAT模式

NAT 模式如下图所示。

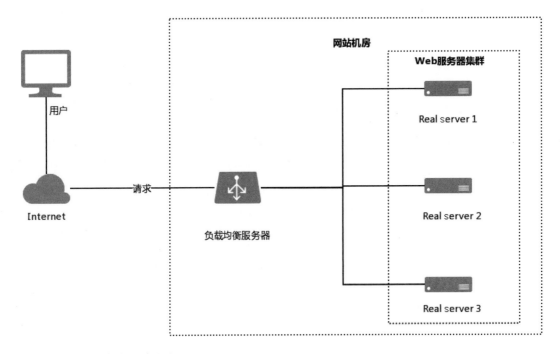

NAT 模式的处理流程如下：

（1）用户通过外网访问 LVS 的负载均衡服务器，把请求发送到对外的虚拟 IP 地址和端口上。

（2）负载均衡服务器收到请求后，检测请求的 IP 地址和端口是否匹配 LVS 的规则表。如果匹配上，则按照负载均衡算法选择一台后端的 Real server。

（3）将请求包中的目的 IP 地址和端口信息用 Real server 的 IP 地址和端口信息重写。

（4）把重写后的请求包发送给后端的 Real server。

（5）Real server 处理结束后，把回包发送给负载均衡服务器。

（6）负载均衡服务器收到回包后，将源地址重写为请求的客户端地址并返回给客户端，请求处理结束。

7.3.5　DR模式

DR 模式如下图所示。

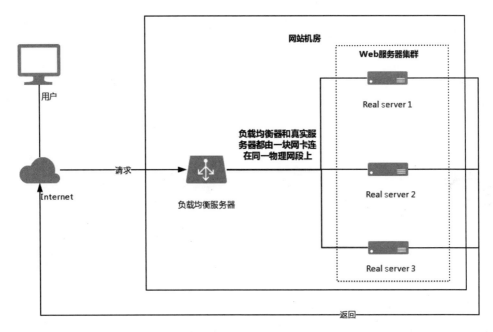

前提：每个 Real server 要把 lookback（回环 IP 地址）都设定为负载均衡器的 IP 地址，而且要抑制 arp。

DR 模式的处理流程如下：

（1）用户通过外网访问 LVS 的负载均衡服务器，把请求发送到对外的虚拟 IP 地址和端口上。

（2）负载均衡服务器收到请求后，检测请求的 IP 地址和端口是否匹配 LVS 的规则表。如果匹配上，则按照负载均衡算法选择一台后端的 Real Server。

（3）将这台选中的 Real server 的 MAC 地址重新封装到 IP 地址包中并发送给 Real server。

（4）Real server 处理这个请求包。

（5）请求包被处理后，Real server 直接通过外网链接把返回包返回给客户端，不用再经过负载均衡服务器。

7.3.6 IP Tunneling模式

IP Tunneling 模式如下图所示。

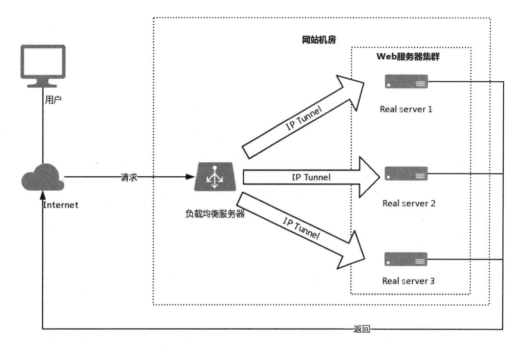

前提：在 Real server 上绑定虚拟 IP 地址，负载均衡器和 Real server 包通过 Tunnel 模式通信。

IP Tunneling 模式的处理流程如下：

（1）用户通过外网访问 LVS 的负载均衡服务器，把请求发送到对外的虚拟 IP 地址和端口上。

（2）负载均衡服务器收到请求后，检测请求的 IP 地址和端口是否匹配 LVS 的规则表。如果匹配上，则按照负载均衡算法选择一台后端的 Real server。

（3）负载均衡器把用户发送的包封装到一个新的 IP 地址包中，新的 IP 地址包的目标地址是 Real server 的 IP 地址。

（4）Real server 收到包后，解析包后发现目标地址是虚拟 IP 地址，而 Real server 检测网卡是否绑定了虚拟 IP 地址，如果绑定了就处理。

（5）Real server 处理完包后，把回包发送给用户，处理结束。

在一些云服务上，已经具备了类似 LVS 的功能，不仅能实现四层转发，还可以实现七层转发，让业务转发更灵活。在选择云服务的时候，可以选择适合业务的产品。

7.3.7　SDK组件

1. 无状态

在请求方的服务器上安装一个 agent，根据请求方每次的处理结果更新后端节点的处理状态。同时定时更新后端节点信息，保证每次都把后端健康状况最好、时延最低、准确率最高的节点提供给前端。还会增加一些访问策略，按照同机房、同城、跨省、跨国、跨大洲的先后顺序，把访问质量最好的节点分配出来。优先保证请求被正确处理，其次尽可能保证请求被快速处理。

简单地按照权重实现随机负载均衡，当发现后端服务出现超时，或者返回出错时，就快速降低该服务的权重。例如，一次降低 100 权重（一共 10000 个权值），降到只剩 1000 的时候停止下降。另外要保证下降后剩余的机器不过载，控制好参数和线上容量。当再选择到该节点的时候，如果结果返回成功，就增加权重，但权值增加很慢，一次只增加 1 点——本质上是快速降低不可用性，可用后慢慢恢复，而且有保底值，保证后面还可以找到该节点，用于自恢复。即使所有节点都有问题，节点的权重都降到最低，如果节点服务质量恢复，那么过一段时间也能实现全部节点都可用。

2. 有状态

存储层的负载均衡根据存储的 Key 值事先分配好了一张路由表，当请求到了接入层，需要选择后端存储的时候，根据 Key 值查找路由表，找到后端服务的存储节点。一般为了稳定，不会动态改变存储的位置。即使存储的具体业务出了问题，也都是把节点禁用，或者尽快更新节点、尽快恢复，极少使用其他已经在服务中的节点替换不可用节点来接收请求。

还有一种是用 key%49999 的方式，对一个比较大的素数取模（一共有 50000 个单元，保证了配置的长度不会太长），然后给每个单元的区间配置归属于后端服务的节点。这种方式相比一致性 Hash 来说没那么通用，如果机器数超过 50000 个就会有问题，但在特定场景中，比如类似于 QQ 号这种数字 ID 存储的场景中，这种方式是完全适用的。

7.4　实际案例——Web 类业务负载均衡实现

在实际使用中，负载均衡是多种方式的结合。

一个网站的设计方案：

- 最外层使用 DNS 服务；
- 在 DNS 中配置 LVS 的虚拟 IP 地址供用户访问；
- 虚拟 IP 地址挂载到实际的服务器上，通过 Nginx 做反向代理，按照地域来接入内网；
- 在 Web 侧的逻辑层调用底层的鉴权等服务，使用服务发现组件；
- 在 Web 侧调用 MySQL 服务，使用内网虚拟 IP 地址实现更换存储不影响业务的目的。
- 由于 Web 侧的缓存服务失效后可以快速重建，所以可以使用热备方式。负载均衡组件会对缓存做存活检测，如果一台服务器有问题，那么全部请求都只发送到另一台服务器的缓存中。

架构如下图所示。

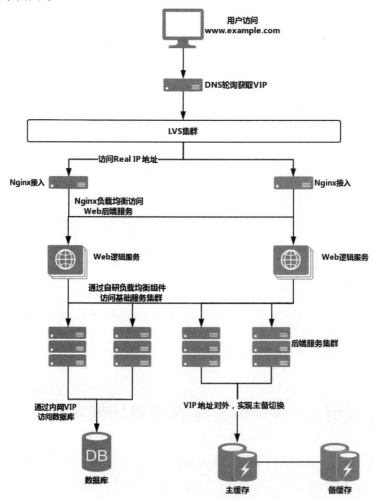

7.5　小结

本章介绍了负载均衡常用的算法，以及业界常用的负载均衡组件，最后通过一个实际案例来说明在项目架构中如何结合算法和已有组件来实现负载均衡。

可以选择的算法和组件非常多，并没有哪个是最好的，要根据项目的实际需要和项目整体的复杂情况来选择合适的算法和组件。

在实际架构设计中，负载均衡结合健康检查、服务发现、过载保护等技术，能够实现容灾、动态扩容/缩容等功能。

负载均衡本质上是精准控制请求流量的分布。对流量分布的控制是互联网架构的基础，在此基础上才能实现容灾、柔性和自动部署等功能。

第 8 章　柔性

按照产品需求实现功能，在正常情况下满足用户的需求，是对该产品的系统架构的基本的要求。评价系统架构的好坏，更高的维度是系统在异常情况下，是否也能够尽力提供服务；在出现系统异常的情况下，是否能够让用户的需求尽量得到满足。

在互联网环境中，用户的网络、设备千差万别，各种异常层出不穷；在服务器侧，集群服务众多，依赖的服务接口也林林总总，再加上系统需求迭代频率高，各种发布和运营环境变更频繁，每一个环节都有可能出问题，汇总到一起，出问题的概率就会大大增加。

与此同时，互联网服务大都是免费的，各种服务的可替代产品的数量也非常多。用户对服务质量出问题的容忍度低，当用户体验不符合用户预期时，用户流失的速度非常快。处理不好异常状态，会影响产品的竞争力和生命力。

因为互联网服务的用户是海量的，即使短暂的服务中断，也会造成大量用户受到影响。

单位时间服务的用户请求数量 × 故障影响时长 = 故障影响的用户请求数量

根据上面的公式可以看出，非常短的服务中断，对于使用该服务的用户来说影响也是巨大的。例如，一款应用的在线人数有一亿，即使一个故障只有千分之一的用户受影响，受影响的用户量也达到了十万人。

用什么方法来降低故障对用户的影响呢？

快速恢复是一种切实可行的有效方案，因为异常状态很难避免，如果出现异常状态，那么持续的时间越短越好。

但并不是每次出现异常都能够快速恢复——引起故障的原因众多，无法提前枚举完全。如果出现了不在预案中的故障，那么想快速恢复是非常困难的——受限于观测到异常出现的时间，还有定位异常的原因。即使有时知道异常的原因，恢复异常也需要很多时间。

在异常恢复的过程中，如何保证用户的体验呢？答案是柔性。

什么是柔性？

柔性是在服务可用（1）和不可用（0）之间有一个中间状态——部分可用。就像一把尺子，如果是木头材质，超过压力临界点木尺就会折断。如果是钢尺子，施加一定压力后钢尺会弯曲，压力退去后会弹回来——不只有刚的一面，也有柔的一面，面对压力能够有中间（弯曲）的状态来保证整体尽力服务（不被折断）。

举个例子，一顿丰盛的大餐需要几个小时才能做好，但在大餐做好之前突然感到饿了，这时有两种方案：一是继续等几个小时，在大餐做好后吃饭；二是先吃点零食，再等大餐做好。

这里的"大餐"就是系统为用户提供的完善的服务，"零食"就是在异常状态下，提供的暂时可用、经过"裁剪"、满足用户基本需求的服务。好的互联网服务都要提供类似的服务降级的柔性方案。

具体表现是：在异常情况下，不保证完美的用户体验，在非关键路径上提供有损服务，提升系统整体的可用率。这就要求不仅在技术实现上，还要在产品层面上，设计柔性策略。在产品层面，触发柔性的时候会有特殊的表现形式和用户引导，与正常情况下有所不同。在技术实现上，触发柔性时要有所取舍，并不是所有逻辑都可以正常运行，当出现异常流程时会捕捉异常，不要让主流程卡住。产品人员和技术人员都要了解用户使用的场景主流程，区分出核心流程和分支流程，设计多套方案来满足柔性。产品人员和技术人员共同配合，才能保证系统整体可用。

要实现柔性，就必须对业务场景有足够的了解，彻底理解用户的需求；能够根据系统当前的资源情况，把用户体验分成多个级别，针对不同情况给用户予以展示；同时分清主次，在非关键路径上提供有损服务，提升系统整体的可用性，最大限度保证关键服务的可用性。

利用好柔性，可以在系统突发异常时继续承接用户的服务，为恢复完整服务争取更多的时间。

柔性可用对于系统架构来说是必不可少的，也是评价架构或产品性能的重要标准之一。

8.1 理论基础

为什么要采用柔性? 把功能做得非常稳定, 不出现异常不就行了吗?

（1）人写的程序可能出现 bug, 我们无法避免 bug 的产生。

（2）有时即使是正常的功能, 当产品特性发生变化时, 原有的正常功能如果没及时修改, 就会产生 bug。例如, 原本系统控制用户一天只能发布一篇文章, 当产品策略改变后（不控制用户发布的文章数量）, 如果有些地方没有及时修改, 就会产生 bug（可能产生大量垃圾文章）。

（3）除了产生 bug 造成服务异常, 在架构设计方面, 有些约束条件会导致我们的架构设计做不到面面俱到, 必须在服务可用、数据一致等方面做取舍。为了弥补因为取舍所放弃的部分, 就要通过柔性来保障服务体验。

下面我们来了解一下 CAP 定理和 BASE 理论。

8.1.1 CAP定理

以下内容来自维基百科对 CAP 定理的解释:

在理论计算机科学中, **CAP 定理**（CAP Theorem）又被称为**布鲁尔定理**（Brewer's Theorem）, 它指出对于一个分布式计算系统来说, 不可能同时满足以下三点:

- 一致性（**C**onsistency）——等同于所有节点访问同一份最新的数据副本;

- 可用性（**A**vailability）——每次请求都能获取非错的响应——但不保证获取的数据为最新数据;

- 分区容错性（**P**artition Tolerance）——以实际效果而言, 分区相当于对通信的时限要求。如果系统不能在时限内达成数据一致性, 则意味着发生了分区的情况, 必须就当前操作在 C 和 A 之间做出选择。

CAP 定理如下图所示。

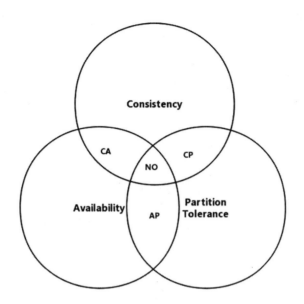

在互联网系统中，P（分区容错性）是前提，一定要保证。因为用户分布在全世界的不同地方，用户和服务可能不在同一个网络中，即使是服务本身，也会部署在不同的网络中。这样就只能在 A（可用性）和 C（一致性）之间进行选择了。

对于大多数互联网免费业务来说，为了提升用户体验，保证高可用，往往会牺牲一致性。因为牺牲短时间的一致性，并不会影响用户体验的流畅性。所以我们实现柔性服务的时候，大都是考虑如何满足可用性，在一致性得不到保证的时候，如何让用户的感知更好。

例如，即时通信软件中的好友的资料修改了，如果是昵称，则尽快同步给多个服务副本，让他的好友可以尽快获取更新的资料；如果是头像，则可以等用户主动点击的时候再去更新。用户主动点击的时间间隔，往往会超过系统同步的时间间隔。用户使用客户端缓存查看头像，也是能够接受的体验。

有时用户不会关心数据是否同步，关心的是操作是否受影响。例如，用户浏览电商网站，把商品加入购物车。如果用户本地数据和网站服务端不一致（网络不好），那么还可以让用户继续进行操作（将产品加入购物车）。当网络变好后，可以把两边数据合并，让用户一直保持流畅的体验。

根据 CAP 理论，我们发现，在实现分布式系统的过程中，只能在 A（可用性）和 C（一致性）之间做选择。

所以实现架构层面的柔性需要根据产品特性，选择在异常情况下，是优先保证可用性，还是优先保证一致性。

例如，在支付类业务中，用户资产的准确性相对可用性来说更重要，否则数据不一致会造成资产损失，而且很难追回消费的资产。当数据未同步时，可以先禁止用户的写操作，此时一致性的重要性优于可用性。

在互联网大多数免费服务中，更多的是要保证服务的可用性。例如，搜索引擎更新的搜索缓存，各个节点的数据没有同步，不同时刻用户搜索同一个词得到的结果不同，但并不影响用户体验。如果此时不让用户搜索，则会严重影响用户体验。

8.1.2 BASE理论

BASE 理论源于 eBay 的架构师 Dan Pritchett 对大规模分布式系统的实践总结，BASE 理论是对 CAP 理论的延伸，其核心思想是即使无法做到强一致性（Strong Consistency，CAP 的一致性就是强一致性），但应用可以采用适合的方式达到最终一致性（Eventual Consistency）。

BASE 是指基本可用（Basically Available）、软状态（Soft State）和最终一致性（Eventual Consistency）。

1. 基本可用（Basically Available）

基本可用的意义在于，当系统出现真正的故障时，可以提供一些降级的服务，而不是不提供服务。

基本服务通常会在两方面有所损失：响应时间和功能。

（1）响应时间：处理请求的相应时长会受到影响，会比正常的处理时间长。

例如，用户正常进行搜索，可能在 500ms 内就可以返回结果，当服务处于基本可用状态时，可能在 3s 内返回结果。通常是因为某些节点不可用，或者等待超时触发柔性。例如，正常情况下后端即时返回搜索结果并发送给前端，当后端访问连接不上时，可以再选取其他节点测试，其间会增加处理时间。

（2）功能：与正常情况下提供的功能不一致，通常是一种降级后的功能，保证用户基本功能可用。

例如，在除夕抢红包时，要保证抢红包的体验是正常的。但是红包到账、查询资产等功能可能就不会及时生效，一般会给用户展示一个引导页，告知红包在一个小时内到账，而不是像平时一样马上到账。

2. 软状态（Soft State）

原子性要求多个节点的数据副本都是一致的，这是一种"硬状态"，与之对应的状态就是"软状态"。

软状态指的是允许系统中的数据存在中间状态，并认为该状态不影响系统的整体可用性，即允许系统在多个不同节点中的数据副本存在数据延时。

例如，存储的用户资料在全国 8 个 IDC 中分别有 24 个副本，有些 IDC 由于网络时延，或者临时故障不可用，当主服务同步部分副本成功后，就认为这个状态是可接受的，不用等 24 个副本都同步这种硬状态。

3. 最终一致性（Eventual Consistency）

最终一致性是指在软状态度过一段时间后，保证系统的所有副本最后都达到一致的状态。这个时间和网络延时、系统负载、数据复制等因素有关。

最终一致性分为五种情况：

（1）因果一致性（Causal Consistency）。

当一个节点在完成数据更新后，同步该节点的数据给另外一个节点，则新的节点对该数据的访问和修改都基于同步过来的数据。与此同时，其他还未更新的节点还使用老数据。

（2）读己之所写（Read Your Writes）。

当一个节点更新数据后，后面该节点再访问的都是最新版本的数据，不会回退到老版本。这也是一种因果一致性，相当于将数据同步给了自己。

（3）会话一致性（Session Consistency）。

在一次请求会话中，实现"读己之所写"的一致性。当执行完更新操作后，在此会话情况下访问的都是最新的数据。

例如，有些分布式数据库的写和读由不同节点提供服务。在一个会话中，先修改了某个值，然后去读这个值，发现读到了旧值，值没有更新，如果还按旧值给用户使用，则导致用户体验不好。这时不去读数据库中的值，而是直接用会话上下文新值为用户服务。即使此时有其他会话修改了数据，也要保证本会话连贯，不更新最新值。

（4）单调读一致性（Monotonic Read Consistency）。

单调读一致性是指当一个节点一旦在系统中访问到了最新的数据，就不会再对外暴露旧版本的数据。

该节点相当于中间逻辑层，缓存从数据层得到的数据。如果再读到旧的副本，则不使用旧数据，只用读到的最新版本的数据返回给前端进行处理。

（5）单调写一致性（Monotonic Write Consistency）。

单调写一致性是指写操作会被保证按顺序执行，一般通过串行化实现该特性，否则会出现逻辑不对的情况，对于一些对数据的写入顺序有要求的逻辑尤为重要。例如，逻辑执行得很快，每次更新数据后，就调用写接口及时更新数据。例如，用户发来了一系列请求，有的要加积分，有的要减积分。逻辑层把算好的积分结果发给后端，由于网络延时，或者写的节点不同，导致后端收到的数据的顺序是不一样的。如果写的次序乱了，则会导致给用户加的积分不准确，减的积分也不对。解决方法是使用队列，把并发数据串行化，或者在逻辑层消除并发，把最终结果一次性写给后端。

总之，BASE 是面向大型分布式系统设计使用的理论。与传统的单机模型不同，系统可以牺牲一致性来保证高可用，系统允许出现一定时间的不一致，最终达到一致性状态。在实际设计系统时，可以根据每个系统的业务特点来侧重实现 BASE 理论的不同部分。

8.2　柔性的实现方法

实现柔性的关键是"实现"：

（1）尽可能成功返回关键数据。

（2）尽可能正常接收请求，保持和用户的联系。

（3）取大多数，舍少数。

实现柔性不单是开发人员的责任，也需要产品人员参与，从产品角度、技术角度综合处理。

8.2.1　产品角度

1. 明确产品的核心价值，区分什么对于用户是重要的，用户使用产品的关键路径是什么

了解产品对用户的核心价值是什么。例如，微信的核心价值是信息沟通，对用户最重要的是即时通信。淘宝的核心价值是购物，虽然也有发消息的需求，但不是用户的核心需求。不同产品的核心需求是不一样的，即使是同一款产品，不同时期的核心需求也不同。例如，在春节期间，发红包就是微信的核心需求，会有很多人使用微信发红包。在双 11 当天"秒杀"的时候，下单和搜索是用户的核心需求，查看物流和积分到账就没那么重要了。

作为一名产品经理，要设计出产品的最小可用集合，让开发人员保证这部分核心逻辑最稳定、最优先实现，而且不要和其他部分耦合，不要因为其他小需求点导致最小可用集合受影响。切记不要什么都实现，如果什么都重要，那么和什么都不重要是一样的效果。

架构师在系统设计之初，就要深入理解需求。针对用户核心诉求，把服务划分多个服务级别，同时分清主要逻辑模块和次要逻辑模块。一方面可以做好有损服务，另一方面能够在异常情况下放弃部分功能，给用户提供降级服务。尽可能返回关键数据，解决用户核心痛点。

例如，邮箱最主要的功能是收发邮件。如果检测到用户的网络质量不好，则可以优先展示文字，停止加载复杂的样式和美化的图片，优先下载邮件内容。

简化产品设计步骤，能简单就不要复杂。

例如，微信公众号的聊天窗口都是通过上下文聊天的形式进行交互的，没有加入过多的聊天状态信息，让聊天消息很纯净，没有设置字体等其他功能，所以功能很稳定。

2. 给用户一个出口，当出现异常情况时，用户有其他渠道获得需要的服务

当圈定了核心逻辑之后，还要思考是否有第二条路能够满足用户使用核心逻辑的需求，不至于因为一个小功能的影响，而让用户无法进行操作，卡在"死胡同"里。这一点比较适合优化用户体验类的需求。

例如，进入游戏大厅后，会给用户显示"快速游戏"的按钮，能够帮助用户快速匹配玩家，不需要用户自己找房间。虽然有了快速游戏功能后，自己找房间的用户数量少了，但用户可以自己找房间这个功能不要舍弃，即使入口"深"一些也无妨，当快速匹配出现

bug，或者匹配不准确的时候，让用户还可以自己找房间。

例如，微信二维码支付功能在网络正常的情况下，微信客户端会拉取最新的消费二维码，当商家扫描了用户的付款码之后，微信客户端会拉取最新数据，更新用户资产状态，核对付款结果，发送通知告知用户进行过消费。但也会有限制，大额支付是不可以的，另外也不会让消费一直处于断网支付的状态。

在没有网络的情况下怎么办呢？该功能关闭，让用户必须找到可用的网络吗？这种情况还挺常见的，因为有些商店的网络信号比较差，在收银台是很难连上服务器的，如果实现不了支付，则会影响用户购买产品。现实中微信支付用的是默认离线二维码，当商家扫描付款码后，会有一条短信通知用户付款成功，保证用户正常付款。但这种场景也是有付款金额限制的。微信支付做到了网络、安全、用户体验三方的平衡，实现了付款场景的柔性。

以上几个例子都是当用户"无路可走"的时候，给用户一个出口，哪怕麻烦一点，但能够完成服务。虽然有时也会承担一定的风险，但只要在可控范围内，并且能够提升用户体验就值得去实现。

3. 让用户对异常情况有预期，不要给用户"惊喜"

虽然产品可以区分核心价值和非核心价值，给用户备选路径，但还是有不可抗力会影响服务质量。例如，自然灾害导致的机房损坏，或者由于用户设备操作系统的 bug 导致软件不兼容。虽然发生的概率很低，如果处理不好，也会给产品造成巨大的损失。这里的原则就是让用户对异常情况有预期，不要给用户"惊喜"。

例如，光纤被挖断了，导致手机应用登录不上服务器。对于大用户量的 App，用户必然对于不能登录的原因会有很多猜测，如果官方不给出一个权威的声明，任由假消息传播，则会有很多负面影响，而且给客服反馈也增加了很大的压力。遇到这种情况时可以通过权威媒体发出通告，例如在微博上发布一条消息，并且给出服务恢复的大概时间，减少用户徒劳地重试。

许多游戏产品会有自己的贴吧，或者热心玩家的 QQ 群，当有问题时，也会第一时间在官网发布公告通知用户。

8.2.2 技术角度

产品侧可以划分出最小可用集合，在异常情况下及时知会用户，管理好预期。当系统出现问题时（本质上还是技术问题），在技术侧做好柔性，才是根本解决问题的方法。

1. 划分业务模块，确定性能瓶颈

在技术侧设计和部署架构时，把主线逻辑描绘出来，划分出核心模块和非核心模块。这两部分在设计和编码时就要保证解耦，保证非核心逻辑出问题时，主线逻辑还能正常提供服务，并且有替代方案，尽可能返回数据给前端。

模块划分得越细致，在调用的时候越容易搭配组合，把分支逻辑作为插件挂载到主干逻辑上。如果分支逻辑的返回值异常，则要捕捉异常，让代码能够顺利运行。

另外，划分模块也方便评估各个模块的性能瓶颈。只有确定性能瓶颈，才知道什么时候触发柔性，启动备份计划，保证整体可用率不至于降为零。

在设计系统时，要思考什么是这个系统的主要流程，区分主要流程和分支流程。即使分支流程遇到问题，也不会影响主流程，主流程依赖的组件能够尽量提供服务。设计程序时要思考，如果这条协议"挂掉"了，主流程能否正常执行？如果这个数据库读不出数据了，主流程是否能够正常执行？

例如，制作一个即时通信的 App，当用户登录时，会拉取用户的基本信息、好友列表，以及用户的会员积分等增值业务信息。这些信息都是从不同的服务模块拉取、一起返回的。每份数据在正常情况下，对网络的带宽、服务器的运算资源的要求都差不多，但对于用户的核心诉求却不同。一般用户的基本信息、好友列表是第一位，要保证聊天需求能够正常进行。增值信息没那么重要，可以通过重试拉取，登录的时候对这些信息并不敏感。所以，如果增值服务返回异常，则要捕捉异常，不要给客户端返回数据失败的信息，要把获取的好友列表、昵称等基本信息尽力返回，保证服务可用。而且在资源固定的情况下，要优先保证重要模块的资源配额。

2. 功能快速切换

当系统出现异常时，需要触发柔性——可以在程序里写上相应的逻辑，让程序自行切换，或者使用配置系统，人工切走流量。例如，大多数互联网业务都是读多写少，由于存储是分布式的，在写的时候要做同步操作。当写同步出现问题时，可以关闭写接口，让所有进程只读，保证大多数读服务是正常的。

把功能分组，每个模块细分逻辑，把细分的逻辑进行组装，保证组装出的柔性逻辑能够返回，尽量服务用户。

例如，一个游戏用户排行榜要拉取用户的得分、用户的信息（包括昵称、勋章、签名等）。正常情况下返回全部信息，如果遇到计算瓶颈，就返回昵称、积分等信息。甚至做一个缓存，当后端拉取出现问题时，暂时不更新，拉取老数据保证前端功能正常，加大更新频率。

切换降级功能、只提供主要功能可以做成自动的，也可以做成人工的。如果是自动的，则要防止异常切换，要有详细的监控。如果是人工的，则要保证故障发生的概率极低，而且要保证切换速度，不能在需要切换的时候找不到人。

不管采用哪种方法，触发柔性的时候都要报警，通知相关人员业务已经触发柔性了。因为柔性毕竟是异常逻辑，最根本的方式是要去掉异常以恢复业务。

3. 设置好默认值，提前埋点

服务功能的快速切换保证了主逻辑的正常执行，但有些服务是不能正常访问的，这时就要求对于不能正常访问的服务，能设置一个默认值，不至于功能缺失。

例如，新闻网站上的前端页面显示的滚动广告（Banner）是从后端拉取的数据，根据用户特征来提供不同种类的广告。如果广告接口不能正常获取数据，触发了柔性，则前端页面可以展示一些默认图片，保证网站外观展示正常。

在后端也可以使用该方案，例如缓存服务，目的是为了加速前端访问。定时到后端数据库获取数据并更新缓存，如果数据库连接失败，则根据不同的使用场景选择不同的处理方式。如果是对数据一致性不敏感的业务，例如资料数据，则可以不更新缓存，返回旧数据给前端。如果是游戏中的积分数值，则返回错误码，或者数值上明确提供拉取的更新时间戳，让用户知道是旧数据，保证逻辑的流畅性。

4. 站在用户的角度思考

许多产品的柔性方案都是站在程序员的角度设计的。在出现问题的时候，会返回一个大的错误提示，更有甚者，还会返回代码中的出错信息。但是用户真正关心这些吗？用户看到 Error 的时候还会有点恐慌，觉得这个软件不稳定，bug 很多。

在很多情况下，我们以用户的角度来思考柔性方案，设想用户到底需要的是什么，许多页面就会变得很友好。例如，给用户推荐好友，如果后端出现失败，那么不用将错误码返回给用户，展示推荐的用户为空即可。因为两者给用户的感受是一样的，但暴露很多错误码会让用户很困惑。

有些网站将 404 页面做成了公益页面，当用户访问网站出问题的时候，显示一些公益性质的页面，这也是另一种维度的柔性。

5. 做好预案

作为架构师，要对系统的瓶颈了如指掌，知道瓶颈在什么地方，有足够的预案来处理问题。例如，做好对机器的"四大金刚"（CPU、磁盘、内存、带宽）的监控，当出现瓶颈时知道如何对设备进行扩容；如果来不及扩容，知道如何马上"稳住"服务。如果出现 CPU 使用率升高的情况，知道进行哪些配置，停掉哪些不重要的服务，保证系统整体可用。

系统要做好隔离，例如系统读多写少，可以把两部分进程分开部署，不至于一部分进程失败导致所有进程都不可用。

结合之前讲的灰度发布来观察和验证预案，保证尽量少发生故障，平时要对可能发生的故障多进行演习和预演。

8.3 验证方式

在开发过程中，程序代码更新频繁，时间久了，难免会有些更新操作打破了原有的柔性策略，导致柔性策略在实施时遇到耦合的情况，难以切换。所以要定期演习，验证柔性策略是否真正可用。

最有效的验证方式就是人为构造触发柔性的条件。

1. 客户端模拟低网速环境

修改路由器配置，导致网络质量变差，查看客户端表现是否符合柔性策略的预期。

2. 后台模拟丢包、延时等异常情况

查看客户端表现是否正常，能否尽力提供服务。

3. 压力测试

故意提高系统负载，查看系统是否能够把资源优先提供给主干逻辑模块。

4. 故意停掉分支模块

故意停掉分支模块的服务，查看主干逻辑是否强依赖分支逻辑。

8.4 小结

柔性可用的目的是提升服务质量，保障用户体验，所做的一切都是为了保障用户体验。实现柔性策略需要从产品到开发，从客户端到服务器，不同方面一起思考，为了同一个目标，设计出不同的异常场景下的解决方案，针对该方案实现柔性逻辑，设计出最优策略。

归根结底，柔性是一种异常情况下折中的办法，不可以常态化。当发现系统触发柔性时，更多的是为恢复服务创造更多的时间，用来最终恢复全部服务。

柔性能够在异常情况下，尽力提供服务。尽量少触发柔性可用，也是架构师追求的目标。

第三部分　架构思维意识

前面介绍了一些架构实现的具体方法,这些都是基于多年互联网开发经验所总结的方法,针对目前的开发环境和互联网产品形态来设计软件架构是十分有效的。随着互联网业务的不断变化,新的创新技术的涌现,新硬件的问世,已有的技术经验迟早有一天不能拿来就用,甚至会过时淘汰。为什么一些架构师始终可以设计出好架构,不被淘汰?因为他们掌握了架构设计的内在规律,即使技术更新、环境变化,也能够设计出符合新条件下的架构。

掌握架构设计的内在规律,培养"以不变应万变"的思维意识,即使当技术和产品环境发生变化时,也能通过思维意识来指导设计,改良旧技术,设计新方法,不断处理新的问题。

本部分介绍一些基本的架构师思维意识,指导我们进行有效的架构设计。

架构思维意识包括以下几个章节。

第 9 章　稳定为王

一套软件系统就如同一幢大厦,根基稳定是最基本的要求。对于建筑物来说,当然是越漂亮越好,功能越多越好。但如果建筑质量不行,那么不仅徒有其表,也有安全隐患。

软件系统也是同样的道理，稳定性是最基本的要求。一款软件提供再酷炫的效果、再新颖的玩法，如果没有稳定的体验，那么这款软件也无法被用户接受。

服务端对于稳定性的要求更苛刻。相比于客户端，服务端经过测试的时间短，发布的频率也更快。而且服务端同时服务全部用户，如果出现稳定性问题，则会影响正在使用软件的全部用户。

在设计、开发和运维阶段，都会以稳定为前提。在设计架构时，稳定性会影响架构师对技术方案、架构的选择和设计。在开发时，架构师对于某种软件或框架是否使用的决策，也以稳定性为前提。在日常的运维中，系统也要保持稳定，有些操作实现起来会很麻烦，决策使用哪种操作方式，也是由其是否会影响系统稳定性来决定的。

稳定是系统的根基，也是架构师应该具备的最基本的意识。

第 10 章　完成比完美更重要

在接到一个振奋人心的需求时，开发团队希望把一切都做到极致，把产品体验做到完美，再发布给最终用户。但现实是，时间不等人，等完成"完美"的产品后，可能竞争对手已经把用户吸引到竞品的平台了。用户养成了使用习惯，很难迁移到新平台。"完美"的系统无人来用，也发挥不了作用。

做到完美的前提假设可能是不对的。有时产品经理和开发人员想到的完美体验，并不一定是用户真实想要的体验，甚至用户自己都无法提前描述出自己的真实需求。例如，在 iPhone 面市以前，大多数手机用户都觉得功能机好用，很少有人接受触摸屏。iPhone 面世后，改变了用户使用手机的习惯。

所以，在开发系统的时候，最好先做一个最小可用集合，然后逐步补充基本的功能，满足用户当前的需求，先吸引用户使用。由于时间仓促，可能使用的开发方法和架构不是完美的，有时甚至是简陋的。可以先通过一些"暴力"的方法提供稳定的服务，保证用户侧有好的产品体验，后期再对程序侧进行优化。

在优化的过程中，有时优化的速度赶不上用户增长的速度——这时就会出现事故，导致用户遇到软件故障。在用户遇到故障时，要提供有损服务，优先保障最重要的服务可用、主流程可用。能否放弃一些分支流程，去掉"锦上添花"的功能，保证"雪中送炭"的功能可用，也需要架构师做一些取舍。

有时还要学会变通，从特定目标出发，不拘泥于仅从程序开发的角度实现最终需求，而是考虑如何才能实现目标，或者满足一定时间内的目标。当出现研发资源不满足需求的时候，尽快启动和需求开发相关的工作，最终完成目标。

第 11 章　聚沙成塔

如同技术方法部分中的平行扩展一样，在架构设计中，把大的功能模块细分为细粒度的模块。通过对粒度的控制，最终将各种模块组合为一个宏大的系统。

是不是将模块细分了就够了呢？因为细分会导致不同模块有重复的功能，所以模块细分后的扩展性、组装能力，在开始设计时就要有长远的考虑，甚至一些模块开始都是不存在的，我们要"脑补"出这些模块存在后的场景，留下接口，保证以后的功能可扩展。

一个大系统要具有分解为多个小而简洁的模块的能力，让最终的分解单元的粒度最小、功能最简洁，且能够简单地描述清楚。通过多个小单元的组装实现各种各样的功能。

举个例子，Google 的 Chrome 浏览器给开发者提供了丰富的接口，供开发者开发插件。每个插件的规模很小，组装起来可以满足不同用户的需求。在操作系统层面也是一样的，提供基本的、简单的接口，供上层应用程序实现强大的功能，制作不同的应用程序。

在设计架构的时候，架构师要找到所实现的功能的基本单元，并且提供接口的扩展能力，最终将小模块组装成大系统。

第 12 章　自动化思维

在第二部分的章节中，已经介绍了通过自动化实现部署、切换、恢复业务的方法。但我们对自动化的追求不应该停留在具体的方法上，而是要具有这方面的意识。特别是做互联网业务，自动化是一个重要目标。我们的产品和服务本质上都是通过自动化来降低人的出错概率，提高处理速度，提升效率。例如，电商提高了人们购买商品的效率，电子支付自动帮助消费者记录账单……

所以，作为架构师，我们要培养自己的自动化思维意识。在技术实施侧，自动化能够减轻工作量，提升系统稳定性，提高工作效率；在产品侧，自动化能够提升用户体验，方便用户的操作。

第 13 章　产品思维

我们要保证程序健壮、系统稳定，让用户满意才能让我们的劳动更有价值。历史上有太多的软件，由于不满足用户的需求，即使开发用了很多人力物力，最终市场表现却并不好。例如，微软的 Vista 系统投入了研发工程师大量的精力，最终却不被用户接受。

架构师除了要掌握本专业的架构技术，还要掌握产品运营知识，具有产品思维，从运营产品的角度思考如何能够让项目运营得更好，让产品更好用，让用户更容易接受，这是每个架构师应该具备的能力。一位出色的架构师也应该胜任产品经理的角色。

第 9 章　稳定为王

在系统的设计、研发、部署、运营的整个周期中，稳定性是首先要思考的问题。稳定性是影响系统服务质量最重要的因素。一款软件产品，即使功能再酷炫，设计再精美，如果使用起来不稳定，如卡顿、软件崩溃等，都会影响用户的使用体验。如果连基本的稳定性都保证不了，那么深层次的体验特性也无从谈起。

稳定是基础，作为架构师要一直牢记心中。在研发过程中，我们要培养稳定为王的架构意识。

9.1　控制因素

9.1.1　安全

互联网业务都是面向海量用户的，在网络上提供服务的同时，也把许多信息暴露于公共环境。

用户的操作可能会触发系统的安全漏洞，对系统服务造成影响。黑客的攻击也会对信息安全和系统安全进行冲击，对产品的稳定性和用户口碑造成影响，导致软件系统不被用户信任，甚至用户会产生恐慌。

例如，某大型邮箱网站的用户密码库泄漏，导致黑客通过邮箱密码登录了用户的账号，查看用户隐私。更有甚者，以此为跳板，查看用户其他网站是否使用相同的密码——破解用户其他网站的账号，最终锁定用户的硬件设备，让用户通过汇款来解除锁定，造成用户财产损失，以及泄露用户的隐私。

此类事件会导致用户对网站的信任度下降，用户会停止使用该网站的服务，迁移到其他同类产品。虽然网站功能的可用性是正常的，但用户担心网站不安全，对用户的体验造成了影响。

网站的安全性对网站的影响是致命的，也是运营稳定的前提之一。

安全问题主要有两大类。

1. 系统安全

系统安全指的是业务依赖的系统底层服务、基础服务所引起的通用安全问题。例如，Linux 系统的安全漏洞或网络框架的底层漏洞。虽然这些漏洞不是开发人员的代码引入的，但代码要运行于基础组件和环境之上，如果对这些组件的安全性不敏感，那么业务也会在系统出现漏洞的时候受影响。

可以从以下几方面来尽量提高系统的安全性：

1）从官方渠道下载软件，防止第三方修改软件

例如，开发人员从第三方网站下载 SSH 客户端软件，导致开发的代码在后台被上传到其他服务器，致使公司的代码丢失。

还有下载了第三方修改过的 Xcode 编译器，编译后的代码被插入了广告，导致多款大用户量的手机应用受到影响。

2）关注业界动态，定期查看官方公告，及时升级安全补丁

常用的底层系统和软件要使用官方的稳定版本。同时关注官方网站或邮件列表，及时关注业界动态。当发生安全性问题时，第一时间了解风险范围并采取相应措施。

通常官方发现漏洞后都会尽快提供安全补丁。官方发布安全补丁后，系统需要尽快升级，同时注意观察升级安全补丁后是否会对已有系统产生影响。

有时有些老版本的网络框架或软件升级后会出现兼容性问题，如果官方不再维护该版本，则让系统处于风险之中。这时就要求开发团队对老版本的底层框架有所了解，尽快自制补丁。但从长远看，还是要升级到最新的稳定版，尽快修改不兼容的业务代码，达到能够升级的状态，让系统摆脱安全困扰。这种现象本质上也是一种技术债务，没有让使用的软件跟随市场的最低稳定版本。

大型互联网公司的系统安全通常由专门的安全团队负责。即使是小型团队，也可以购买专业服务，或者使用各大云服务商提供的云安全保障服务。一般做业务的开发人员几乎

不用关心，有时在无感知的情况下就把系统漏洞修补好了。但作为架构师，要对此有所了解，做好验证，防止遗漏。

同时，如果使用云服务，则要多了解服务商提供的安全产品，通过购买这些安全产品来保护系统安全。例如，在遭受攻击时，防止 DDoS 攻击的云产品能够进行主动防御。架构师要了解业界有哪些"先进武器"能够保证系统安全，在出现问题时可以"对症下药"。

对于框架或库提供的避免安全问题的功能，架构师也要学习和掌握，在开发中使用官方推荐的方法来避免系统产生安全漏洞。例如，前端框架提供的避免 XSS 攻击的过滤方法，网络框架提供的避免 CSRF 的方法，以及后端框架提供的避免 SQL 注入的方法。

3）定期扫描，主动检查

定期聘请专门的安全团队，或者使用成熟的安全扫描产品，对系统的稳定性进行检测，主动发现安全问题，尽快修复。有时虽然没有出现安全事件，但系统是有漏洞的，运维人员要具备主动发现问题的能力。

系统安全是一些通用的安全问题，一般可以通过专业的安全团队来提供解决方案。在研发的过程中，要对这些解决方案有所了解，知道能预防哪些问题，定期收集业内的安全事件信息，及时规避安全风险。

2. 业务安全

业务安全和业务强相关，业务产生的安全隐患或安全问题是由于实现业务导致的。常见的处理措施如下。

1）谨慎对待用户提供的数据

当网站需要用户输入数据时要特别小心，因为用户输入的数据多种多样，一定要制定好规则，防止由于用户输入非法字符导致软件产生 bug。例如，在 2015 年，iOS 就因为用户输入拉丁文导致 WebView 崩溃，致使大部分 App 受到影响。

由于用户输入的多样性，所以很难制定一个输入规则的全集。因此需要使用白名单，而不是黑名单。白名单的定义就是在名单中的规则就认为是合法的，如果不在白名单中，则认为是非法的。控制允许用户输入的范围，而不是控制不允许输入的范围。如果白名单漏掉一条规则，则可以补充，而不会产生安全风险。如果黑名单漏掉规则，则攻击者可能会绕过安全监测，导致系统出问题。例如，在用户输入昵称时，可以指定字符集为字母、数字、下画线，其他任何字符都认为是非法的。当网站支持中文昵称的时候，可以适当放宽限制。如果一开始确定不让用户输入中文字符，后来发现对中文字符的拦截不全面，那么一旦有某种未考虑到的情况漏掉，便导致规则出现漏洞。而且由于漏掉规则而产生的不合法数据写到数据库中，恢复起来也比较麻烦。

2）调用双方互不信任

虽然有些时候不需要用户输入，但因为黑客攻击或 bug 导致前端调用后端的时候，不是按照既定的格式来调用的，填写的字段信息也不在规定的范围内。后端和前端互相不信任，都要对字段的合法性进行判断。不能觉得前端已经按照规则过滤了昵称，后端直接存储就可以了。后端还要对用户输入的内容重新进行一次过滤，存储过滤后的结果。

当后端把结果返回给前端时，前端也要对结果进行校验，不能直接展示给用户。千万不要认为都是内网，或者都是本公司的客户端就不进行校验。因为客户端可能被黑客篡改，即使是内网，也会因为 bug 发送错误数据，或者因为黑客侵入机器而影响调用。所以，在自身涉及的系统中，要充分保证安全性，把调用方外部传递过来的数据都进行充分的验证。互不信任传递的数据，只相信自身的校验。

这一点在游戏开发领域用得比较多，由于有些游戏会有"外挂"，一般客户端传递过来的数据都不是直接被服务端信任的，都要经过严格的校验，符合人工操作规则才会被写入服务端数据库。

3）采用标准的解决方案

密码管理、XSS 攻击、CSRF 攻击、SQL 注入攻击等安全问题，在业界已经有很多通用的解决方案，甚至有些框架已经有了通用的解决函数，直接调用即可。只需要修改配置文件中的某个字段，都不用修改代码，就可以提高系统的安全性。

在处理这些问题的时候，一定要用业界通用的解决方案，切不可自己闭门造车或者在已有解决方案的情况下，还继续造新轮子。例如密码管理，如何加密密码，加密后如何存储，背后都是有很多数学理论做支撑，新的加密算法更是在科学性和工程性两方面都经过了考验，切不可自己造一个加密算法，否则很容易被黑客破解。

9.1.2　变更

在多年的开发经历中，笔者发现软件不稳定的原因，大都是由变更引起的。

利用数学思维来观察系统，可以把系统看作一个函数，系统内部的运行环境、访问量、代码调用关系等都是参数。当变更发生时，会导致一些参数发生变化，系统运行的结果也会发生变化，当结果超过了安全的阈值时，就会出现问题。

变更有两种：

- **主动的变更**——发布代码、修改运营环境的数据等。
- **被动的变更**——用户访问量升高、硬件故障等。

被动的变更可以通过之前讲解的架构技术方法来应对。主动的变更需要架构师有"稳定为王"的意识，制定合适的规则，保障业务稳定。

要谨慎对待以下几种场景。

1. 技术更新

随着开源技术的发展，每时每刻都有各种各样的新技术出现，每个新技术都有各自的优势。一般在宣传上，说优点的多，说不足的少。如果考虑不全面，轻易选用新技术，则会导致一些严重的问题。因为一些新技术的测试场景和我们业务实际的使用场景是有差别的，要认清其中的不同点，防止新技术引入后"水土不服"。特别是一些热情高涨，但经验欠缺的工程师，喜欢尝试新技术，希望通过引入新技术，实现振奋人心的功能，同时提高自身的技能，但往往事与愿违。

新技术需要引入，否则团队无法实现足够的技术积累。但不要为了"新"而引入，而是按"需"引入，有策略地引入新技术。项目开发的目标是生产出工业化的软件产品，而不是测试新技术。产品的目标是服务用户，而不是上线新技术。如果为了试验新技术，那么可以找专门的试验项目来做。

要调整心态，客观看待技术水平，并不是用了什么新技术后技术水平就有多高。对技术和产品的理解程度体现了软件工程师的水平，许多技术的本质是相通的，运用的都是基础的计算机技术。

引入新技术前，要先认清当前的问题是什么，新技术的种种优点是否能"对症下药"，解决系统问题？新技术在解决系统问题的同时，是否会引入新的问题？要弄清楚引入新技术的初衷，是因为"新"才引入，还是因为新技术能解决问题才引入。

引入新技术要有一个科学决策的过程。先要对新技术有所了解，能够驾驭新技术，万一出了问题，知道怎么处理问题。针对要决策的事情，列出对该事情解决方案关注的属性，汇总为一个表格。对解决方案进行客观的评分，最终根据分数来进行科学决策，切不可不经过分析就直接得出结论。

特别是开源软件，相对于商业软件，开源软件在出现问题时支持的速度会比较慢。使用开源软件时，需要开发团队对该技术有彻底的了解。另外要有备用方案，问题解决不了的时候能够启用备用方案，先保证线上环境正常。

2. 软件升级

新的软件产品会带来许多新特性，修复很多 bug。对于生产环境中的软件版本，如果是新做的系统，那么最好使用最新版本的稳定版。对于已经在线上运行的系统，升级策略就要谨慎一些。

新的软件版本可能存在以下几种问题：

（1）新的软件版本有新的 bug，要经过一段线上试运行来验证稳定性。

（2）新版本不兼容老版本，直接升级会导致配套软件或系统本身出现兼容性问题。

在几年前，笔者就遇到过一个 GCC 编译器升级导致的问题。当时公司采用的是新版本的 Linux 操作系统，新版本系统带的 GCC 版本也要比从前服务器上的 GCC 版本新。在升级新操作系统的过程中，已经有很多业务做过灰度升级，都没有出现问题。这时又有一个业务要升级，是否还进行灰度升级呢？最后还是进行了灰度升级。结果这个业务一发布就遇到性能问题——一行代码没改，性能下降一半以上。经过很长时间的排查，才发现新版本的 GCC 和之前的版本对于无参数构造函数的行为不同，从而引起了性能问题。新版本的一个特性是，如果构造函数没有参数，则默认调用 calloc 函数来初始化类的内存。由于很多老代码之前都运行在老编译器上，而且类的成员有几 MB 缓冲区的静态空间。在每次接收外部请求、触发创建类的时候，都会分配这个类的内存，调用 calloc 函数一次，导致 CPU 的负载瞬间升高。这次事件以后，笔者更加深了对每次升级软件（特别是底层软件）时，都要进行充分的灰度观察的理解。

对于一些不兼容从前版本的软件升级，业务代码也要进行改造。例如，从 PHP5.6 升级到 PHP7，在语法层面上就有很多不兼容的地方。而且 PHP 是解释型语言，在执行的过程中才能发现问题。这就要求在升级过程中要逐步"灰度"，总结升级经验，供所有项目快速完成升级改造。

在日常系统开发中，还有一部分是依赖库升级。同软件升级的本质类似，依赖库升级也会引起系统底层的行为变化，也可能引入新的 bug。所以对于线上系统，要指定好使用的库的版本号，把版本号信息存入代码库进行维护。每次构建部署文件的时候，根据代码库中的版本号信息获取对应的依赖库。保证相同的代码、不同时间发布的软件行为都是相同的。如果在配置文件中都依赖最新版的库，当新版本的库有些行为发生了变化，则会导致发布失败。

例如，PHP 中的 composer 提供了 lock 文件，其功能就是锁定软件的版本，需要把 composer.lock 文件加入代码库，保证线上运行的库函数的版本和测试开发的版本相同。如果新版本出现不兼容，或者有新 bug，则会导致线上系统出问题，可能误以为是新发布特性导致的这些问题，不能及时找到系统出问题的真正原因。

3. 需求发布

在日常修改特性并发布时，也要谨慎对待。

1）发布时间

每次发布软件时都会对系统造成影响，都有可能引起事故。所以要控制好发布的时间，不能无节制地发布。一般互联网业务都是在周一到周四发布，周五留一天观察，节假日不发布。在重大节假日（例如春节等长假）之前，要空出一定的不发布时间，主要防止软件发布后，没有人来观察服务，或者出现故障时不能得到及时响应。而且每天发布的时间也要有所控制，不能在相关人吃饭或睡觉的时候发布。

如果是重大的发布，那么要避开用户使用高峰期，在用户量少的时候发布。

2）发布频率

要控制好发布频率，不能一天发布多次，代码改完就发，而是要提供一个冷却期。一般一个系统一天只发布一次，如果一天发布多次，则不容易找到出错原因，同时这也是没有严肃对待线上环境。

对于一周内的多次发布，要控制好每次"灰度"的量，一般是从少到多。例如，周一10%、周二 20%、周三 30%、周四 40%。

3）发布验证

发布到线上的代码，无论多么简单，都必须经过测试。"勿以善小而不为，勿以功能小而不测"。再小的特性，也会引起 bug，经过测试的代码，集成到新系统中，也可能出现问题。

笔者曾经就遇到过因为修改了一行日志，导致程序运行时"crash"的情况，也遇到过使用正则表达式函数进行命令行测试的时候，测试结果正确，但集成到已有的系统中该正则表达式的过滤规则就失效了，没有对最终要发布的程序进行集成后的测试，导致程序发布到线上后出现了事故。

以上这些事故都是由于代码没有进行充分验证而导致的，对系统的稳定性造成了一定的影响。

总之，只要发生变更，就有可能影响系统的稳定性，所以轻易不要无故变更系统程序。

但是又不能不变，因为如果不变，那么系统就没办法升级，技术也无法提升。变的时候要做到可控，及时发现问题。所以架构师需要在变与不变之间找到平衡点，通过成熟的架构思维意识和方法来保障系统稳定。

9.2 保障方法

架构师都希望自己的系统是稳定的，那么如何保障系统的稳定性呢？

- 从设计之初就评审需求的源头是否正确；
- 在设计需求的时候，对主次逻辑和模块进行梳理，找到影响系统稳定性的部分，重点对待；
- 对预先设想到的不稳定因素做最坏的打算，提前做好保底方案，确保有预案，并且提前明确事故造成的影响；
- 在线上部署前对容量进行合理评估，保证不会因为外部访问量突增而引起系统异常；
- 运营期间注重观察数据，通过数据发现问题，验证猜想；
- 最重要的是要保持敬畏之心，不可疏忽大意，时刻谨慎对待运营环境。

9.2.1 合理拒绝

互联网需求迭代快，在已有的系统上会一直添加新的需求。当架构师收到一个需求的时候，不应该马上去想如何实现，而是先对需求进行评审。

了解需求的真正目标，并且评价是否是合理需求——对用户是否有帮助，对系统的稳定性是否有影响，如果都是否定的，则要合理拒绝。

有时产品经理并不会直接讲出根本诉求，而是提供一种解决方案让架构师去实现。这时只有了解需求的真正目标，才能根据已有系统的架构，找出最合理的实现方案。而且产品经理更多关心的是产品表现，提出的实现方式对架构的修改来说不一定是最好的，需要架构师去做好权衡和选择。甚至有时架构师会根据需求的真正目标，对产品经理提出产品实现和产品表现形式更好的建议。

9.2.2 厘清主次关系

在设计系统架构的时候，要厘清主次关系。首先把系统主要架构逻辑画出来，然后添加依赖模块，针对主次关系设置不同的优先级别，以及提供不同的解决方案。

在设计架构的时候要了解系统容错的边界，针对边界做好预防和监控，另外也要做好备份等工作。

如何才能思考得全面呢?

（1）了解系统的全貌，知道哪些功能是调用外部服务来实现的，哪些地方互相依赖，把系统的架构图清晰、完整地画出来。

（2）针对业务场景，梳理模块间的调用关系。

（3）利用 MECE 原则（Mutually Exclusive Collectively Exhaustive，"相互独立，完全穷尽"），把各种异常情况的全集划分出来，不要遗漏，也不要重复。

（4）确定系统的边界，了解服务的最大能力。

（5）评估影响：对于不能自愈、没有能力预防的点，要评估好影响——如果这些情况发生了，最坏的情况是什么，对系统会造成什么样的影响。

（6）设计预案：针对上面的影响，有很多技术和非技术的工作要做，要提前做好预案。

例如，依赖的服务是购买的第三方服务。如果第三方的服务"挂了"，我们是没有办法修改第三方的代码的。这种情况下要决定系统是否可以提供有损服务，或者等待第三方快速恢复。针对第三方的服务监控，第三方出故障时的紧急联系方式，对用户的安抚话术等很多工作，都是在设计预案阶段来做计划的。这样才能在真正出现问题的时候心不慌。"养兵千日，用兵一时"，未雨绸缪才能让系统长期稳定运营。

（7）验证想法，真实演习：故意把依赖的系统弄得不可用，验证是否会影响业务流程。

（8）做好监控：在可能出问题的地方都要做好监控和上报；所有因为逻辑原因不能执行但实际存在的地方，都要做好监控。例如，用户不可能没登录就触发发奖逻辑，所以触发发奖逻辑时要检测用户是否登录，如果没有登录就上报。

在弄清楚主要脉络后，针对重要模块和流程，特别是不同模块衔接的地方，要多思考可能发生的异常情况。

有个笑话不是说程序员是最能反思的吗？每天都在想"我哪错了？"。

例如：

- 如果这个模块"挂了"怎么办？
- 如果机器宕机了怎么办？
- 如果后端的接口超时返回怎么办？
- 如果这个模块出现 bug 怎么办？

……

在设计系统的时候，架构师要列出系统正常服务的关键路径模块，针对这些模块，判断是否一定需要考虑以上提到的问题，如果需要考虑这些问题，则要提前做好预案。在出现问题的时候能够快速人工恢复或系统自愈。切记不要认为一个问题发生的概率低，这个问题就不会发生。

例如：

（1）机器宕机的概率很低，从来没遇到过，先不用想这个——如果真遇到，你能承受得了后果吗？如果承受不了，那么就老老实实做好预案。

（2）前端给后端过滤了非法的参数，一定不会传递非法值过来——前端可能出现 bug，或者黑客越过前端直接访问后端，如果真传过来非法值，那么是否会造成系统崩溃？

（3）后端都是内网，速度快，不会出现超时——引起超时的因素很多，不只是网络的原因。即使是内网，有时也会因为设备故障，导致网络质量不好。

一种行之有效的方法是把系统的主要架构画出来，标明核心逻辑。在测试环境中模拟出现故障的情况，故意把核心模块依赖的模块都手动停止服务，然后一一验证在异常情况下核心模块是否能尽力提供服务。如果和预期不同，那么再进行轻重分离、容错的设计。

9.2.3 容量量化

1. 评估量化

评估量化是指评估缓存要用多少，每个用户多少，和用户有关还是和请求数量有关，以现在的规模什么时候需要扩容。如何发现什么时候达到阈值，如果达到阈值是否可以紧急扩容，如果不能紧急扩容，那么如何做到柔性？

评估时要根据架构模型，测算一个机器或一个 set 能处理的容量，根据容量评估做好管理。监控反映容量的参数，当超过警戒线的时候，能够及时扩容，或者提供降级服务。

一个出色的架构师，对于系统的容量，不是测出来的，而是计算出来的，架构师心中要有一张系统能力的表格。

影响系统性能的操作和性能指标如下表所示。

操　　作	性能指标
磁盘随机访问	3ms
SSD 随机读取	16μs
在内存中顺序读取 1MB 数据	4μs
从 SSD 硬盘顺序读取 1MB 数据	62μs
从机械磁盘顺序读取 1MB 数据	1ms
一个网络包跨大洋传输耗时	150ms 以上
一个网络包在同一个 IDC 内传输耗时	500μs
50 阶 Hash Search	约 400,000 次/s
……	……

随着硬件和系统的发展，要定期更新上面表格中的数据。

2. 快速扩容

容量评估是实现快速扩容、自动扩容的基础，这样系统才能真正做到弹性可用，快速应对互联网访问量变化的情况。

实现紧急扩容最好的方式是系统能够自动扩容。当使用容量超过警戒范围时，系统直接扩充好容量，不需要人为干预。这种方式也有弊端，如果设计得不好，则会误扩容，使容量不可控。特别是对于一些有存储模块的系统，有时扩容会伴随着数据的迁移或写入，如果出现问题，则很难恢复数据。

人工介入决策是否进行扩容操作也是一个好办法。设置一个开关，人工评估是否需要进行扩容，然后决定是否启动开关。

扩容时需要注意以下几点。

- **收归权限**：统计出系统都需要哪些权限，把权限的申请都收归到一处，在紧急扩容的时候能够快速申请。最差的情况是在扩容的时候，发现有些地方权限请求不通过，然后火急火燎地查看代码都需要哪些权限，哪里卡住了，再去继续申请权限，这样就浪费了宝贵的紧急扩容的时间。
- **让尽量少的人参与**：不要出现多人审批一个权限、多个系统需要介入才能让权限申请成功的情况。
- **平时做好准备**：做好平时能做的工作，不要到扩容的时候现做。例如，一些扩容和具体操作的脚本。
- **自动验证**：扩容后要有相应的工具能够快速验证系统是否正常，验证后引入流量服务用户。
- **自动执行**：人工只是决定是否触发扩容操作，其余操作都自动进行，不用人工干预。
- **一切尽在控制**：要对负责的事情有把控，对系统未来的发展有清晰的预测，对使用的技术彻底理解，对设计的系统从宏观到细节都很熟悉。

总之，架构师要对系统的服务能力有量化的评估，做到一切尽在控制。当系统的服务能力出现瓶颈时，能够在预期的时间内完成系统扩容，从容应对突发的流量。

9.2.4 预先准备

在弄清楚主次关系后，我们对系统容易出问题的薄弱环节已经有了定位。针对这些可能出现异常的点，我们要先确定异常影响的范围，列出一个表，把可能出现的问题都列出来，然后针对问题，再列出出现这些问题后造成的影响。先对最坏的情况有一个预期，明确哪些影响是能够承受的，哪些影响是致命的、不可接受的。最后按照影响的重要程度，对可能的风险——设计应对预案。

例如,针对 7×24 小时服务不能间断的地方,要做好容灾和热备;对于重要的用户数据,要每天保存一份当天完整的数据,同时保存写流水,做好多地备份;对于第三方服务严重依赖的地方,要做好监控和应急预案,当第三方发生稳定性问题后,能够迅速联系第三方并解决问题,不能快速解决的时候需要进行服务降级,提前通知用户……

有了提前做好的预案,才能在系统真正出问题的时候不至于慌张;尽早明确最坏打算,也能够提前管理预期,做好资源投入的管理工作。

9.2.5 注重监控

系统的监控数据和告警提示是架构师的“眼睛”和“耳朵”。完善的数据可以指导我们更好地运营系统,也可以帮助我们第一时间发现问题,还可以通过监控数据评估产品特性的效果。

了解监控数据是一个例行的事情,不是在系统设计上线之初才需要关注。通过监控数据推断系统的运行状态,主动发现问题,这是最根本的要求——要经常检查系统是否满足这样的标准。

1. 告警要勤梳理

没有用的功能就去掉,不要一直留着,还不用。真的哪天想起来启用,可能里面都是脏数据,或者“年久失修”,根本用不起来了。

2. 监控要设置得全面,尽量密集、完整

针对正确量、错误量、超时量、处理时延都有分级别的设置。

3. 告警要达到一定比例,防患于未然

要设定好监控的正常范围、程序执行到的分支,对超过正常执行次数的值设置告警。对于逻辑上程序不可能执行到的地方,也要设置告警。一般上报属性中至少 30% 的属性需要设置告警。

4. 定期 "review" 告警视图

通过定期查看视图、梳理视图属性来优化告警频率。

5. 熟悉运营数据，根据运营数据来指导开发工作

根据运营数据，了解用户关注哪些服务，主要使用哪些功能，对相应的功能进行重点建设。对于访问量逐步增大的系统进行扩容准备。对于性能消耗较大的模块，提前做好优化预案。

6. 在架构设计之初，想好数据指标，做好数据建设

在未进行架构设计的时候，就要思考系统做好后要上报哪些数据、关注哪些数据。把如何获取这些数据也加入架构设计中。防止在系统开发工作结束后，发现不易获取想要关注的数据，对已写好的代码造成返工式的修改。

9.2.6 敬畏之心

对运营环境是否有敬畏之心，也是衡量一个架构师责任心的标准。

对于系统稳定性，架构师要怀有敬畏之心，不能粗心大意。对于一些容易出错，或者出错代价较高的场景，要慎之又慎。

上面的几种保证系统稳定的方法，我们都要以敬畏的心态去对待。同时，在日常运营中，凡是对稳定性有影响的操作，都应该谨慎、认真对待。

1. 日常运维时，运维人员应减少登录服务器并在服务器上进行运维的操作，而应该在运营系统上进行处理

对线上环境要有敬畏之心，不要轻易修改线上环境。凡是不需要在线上环境中进行的操作，都不要在线上环境中试验。

登录线上环境要有规范，不是必须要登录线上服务器的情况，就不要登录线上服务器进行操作。例如，不要在线上环境中用真实数据验证某些数据库命令，即使是读命令。

要建立运维流程，线上环境中的机器要申请权限才可以登录。而且要写明登录的原因，登录时操作的命令也要经过 "review" 才可以使用。

例如，在线上处理问题结束的时候，想测试 Nginx 的一些功能，修改了 Nginx 配置，运行了 nginx -t 命令，但线上运维的用户和 Nginx 运行的用户是不同的组，导致 Nginx 进程没有了临时文件夹的权限，出现了事故。

提示：nginx -t 命令是一个 Nginx 检查配置文件合法性的命令，在配置文件没有配置 Nginx 进程的用户名和用户组时，会默认用启动 Nginx 程序的用户来修改临时文件夹的权限。

还有一种场景是在正式环境中配置测试页面，用于内部测试。例如，一个电商网站，为了测试一些特性，在线上环境中上架了一些"假商品"，用于模拟用户操作——以为用户不会发现这些"假商品"，但商品只要暴露在外网上，就会被用户发现。如果用户成功购买这些"假商品"，但"假商品"却不能发货，就会影响用户体验。

2. 对数据修改的操作，要做好 review、备份和回滚的准备

例如，临时修复线上数据库中的数据时，如果没有相应的工具，就需要提前写好 SQL 语句，并有人"review"，在测试环境中测试。

操作前先做好备份，然后修改线上数据。对于写操作，要加上 limit 来限制修改的个数，防止由于条件写错而造成大面积数据的修改。

临时修改数据库是一种应急方法，正常情况下不应该直接用 SQL 语句修改数据库，而应该通过管理后台或接口进行修改。

当修改数据库中的数据时，一定要先检查修改语句是否正确，经过测试以确保万无一失，否则数据丢失是很难找回来的。对于保存的用户资料，要思考是否有足够的安全级别来保证正确地保存资料，不会因为人为错误或代码 bug 导致数据被错误拉取。

3. 敏感场景，要小心再小心，审核和 review 都不能缺少

执行发送短信、发送邮件、"push"消息等操作时，内容和范围要经过多人检查和审核。这里的基本原则是：宁可少发，不可多发；宁可发慢，不可发错。因为一旦发出去就无法修改，影响很大。

4. 防止疏忽

在对线上环境进行修改时，要谨慎。"勿以善小而不为，勿以需求小而不测"。简单的变更可能产生重大的 bug。

9.3　应对异常

互联网业务的线上事故很难避免，有时会因为研发的代码出现 bug 导致事故，有时会因为外部环境发生变化而引起事故。我们能做的就是尽量减少人为事故，防止出现低级事故，降低外部不可抗事故的影响。

9.3.1　处理事故

虽然发生运营事故是大家都不想看到的，但事故真发生了，就要通过合理的流程来处理事故。

1. 上报信息

出现事故的第一时间要向上级上报信息。

自己弄好，谁也不说行吗？肯定不行，纸包不住火。将事故信息上报给上级只有好处，没有坏处。

将事故信息同步给上级后，你就可以专心处理事故，上级会通知相关人员，评估事情的严重性，甚至帮你寻找经验更丰富的人处理事故。如果影响相关团队，还能帮你协调外部资源。自己一个人处理，如果处理不好，那么事情会越来越严重，影响越来越大。处理好了，也违反了流程。按照流程办，就不会出大问题。规范的事故处理流程是在众多"流血"的事故中总结出来的宝贵经验。

2. 快速恢复

工程师都有一个习惯，遇到问题时喜欢弄明白原因，有学习精神。但在发生事故时，第一时间想的应该是如何快速恢复系统，而不是研究技术。只要能快速恢复系统和降低事故的影响，任何办法都是可行的。就像战士受伤时，衣服也可以撕开当止血纱布用，这时衣服和流血比，还是止血重要。

例如，有的事故是因为发布的新特性导致主流程出了问题，那么马上回滚就可以恢复服务了。如果执着于查找问题的原因，那么用户一直体验的是有 bug 的服务。

9.3.2　管理预期

有时不能快速恢复系统，就要及时管理好用户预期，不要让事故的影响继续扩大。

1. 评估影响

评估哪些用户受影响，以及影响的范围和严重程度。如果恢复，则需要多长时间，能恢复到什么程度？有没有替代的方案——即使方案没有那么完美？

2. "安民告示"

对外通知系统出了什么问题，多久会恢复。让外部有一个准备，知道发生了什么事情，不会有人乱猜而引起更严重的误会。

3. "壮士断臂"

有时要做出决策，要考虑柔性，舍弃一些正常的功能来保障主功能。

9.3.3　复盘总结

事故发生后，要进行详细的复盘，分析原因并进行整改，记录事故的详细过程、事故的原因、造成的影响，以及改进措施和排期。

事故的案例也要定期存档、完整保存。不仅是事故相关人，其他没有参与事故处理的开发人员也要定期学习，通过实际的案例来吸取教训。

既要防止一个人多次踩入一个坑，也要防止一个坑被多个人踩入。

9.3.4　有效预防

事故发生的原因有很多，本质都是因为"变更"。

1. 发布导致变更

每次发布都有详细记录，并且能一键回滚。重要发布知会客服、产品等相关人员。

2. 用户行为变更

热点事件导致用户的某种操作变多了，引起系统过载等问题。一般还是因为没有做好容量管理，不能应对大流量。架构师要对容量有一个评估（能应对多少请求），当用户行为变更时，能够及时扩容或实现柔性可用。节假日或促销活动前，要提前评估容量，做好预案。

3. 依赖变更

依赖变更是指依赖的第三方服务发生了变更，导致系统处理出现异常，甚至影响全部请求的处理。虽然是另外一个系统变更所为，导致服务质量下降，但本质上还是系统的防御编程没有做好，把出错的影响放大。例如，第三方接口返回格式不对，解析出错导致程序崩溃。如果发现回包不符合格式，则要防止引起空指针崩溃，要做好防御。

4. 触发 bug

在代码中写了"定时炸弹"。例如，系统初期分配的空间太小了，随着规模扩大，导致分配的空间不够，触发了 bug。

还有的时候，有些代码没有用，却放到某个地方不删除，最后阴差阳错又被调用了，引起问题。

既然有这么多导致事故的原因，如何预防呢？

9.3.5　谨慎变更

每一次的代码变更、发布变更都要谨慎，认真执行"review"和发布流程。要有柔性预案，以及防范事故的意识。例如，申请的 IP 地址都是同一机房的，如果线路断了怎么办，机房停电呢？能不能备份数据，能不能快速搭建一套新的服务，有没有备机？

事故发生的原因是多种多样的，即使有防范意识，也很难应对所有情况。

吾生也有涯，而知也无涯。以有涯随无涯，殆已！

为了不"殆已"，要抓住最终的出口——**监控**。不管发生什么问题，都能及时发现问题，尽早预警——对 SLA 的指标进行监控。很多事故不是发生了处理不了，而是没发现。**发现问题要比解决问题更难。**

除此之外，还要控制发放资源的上限。例如发奖活动会有一个预算上限，万一多发了，也不至于把奖品都发出去。

总之，事故的减少，本质上还是因为安全意识的提高。按照流程和规范进行开发和运维工作，就不会出大问题。

9.4　小结

稳定是互联网产品首先要保证的特性，是产品成功的前提。架构师在做决策时，要优先保证系统的稳定。在升级软件，或者引入新技术的时候，都要先克服内心的其他想法。不稳定一般都是由于变更引起的，所以在变更的时候要注意监控，注意降低事故发生的概率。

对于线上事故，要先恢复服务，再查找原因。如果短时间内修复不了，则要尽快通知用户，让用户对当前不稳定的状态有预期，必要时还要对用户进行安抚，给予一些补偿。

总之，设计架构、开发软件都是为了最终提供给用户优质的服务，稳定是服务好用户的前提，只有保证了这个前提，才能进行后面的工作，否则用户体验只能是"空中楼阁"。

第 10 章　完成比完美重要

Facebook 有一句话："**Done is better than perfect.**"，翻译成中文是"比完美更重要的是完成"。

在互联网业务中，完成比完美更重要。我们首先想的是怎么把业务做完，前期架构设计得再好，到上线时，功能没有按时完成，也会让效用大打折扣。

有时先完成一个版本，再根据市场反馈进行优化是一种好方法。就像有的电视剧，是边播边拍的。电视剧播出后收集观众的反馈，不断完善和调整，从而得到观众的肯定。有的产品可能一直处于"十年磨一剑"的状态，等产品做出来后，却发现市场已经被竞争对手抢占了。有时我们要打磨的东西，可能并不是用户最需要的功能。就像 iPhone 刚面市的时候，连多任务都不支持。但苹果公司并没有等多任务系统做出来之后才发布 iPhone——那时智能手机的龙头地位可能被其他厂商占据。对于用户来说，智能机的触屏体验，丰富的应用才是更重要的需求，多任务可以先用其他方法弥补，在后面的产品线上再补充完善。

10.1　先扛住再优化

在刚刚工作的时候，笔者就学习过这个理念。在工作多年后，发现"先扛住再优化"是互联网行业的一条普遍真理。

笔者经历过的互联网产品开发项目，没有一个项目的开发时间是充裕的，每个项目的开发时间都非常紧张。

因为互联网产品越早上市、越早接触用户，就意味着在起步阶段比竞争对手的速度更快。

通过运营来获取用户反馈，分析相关数据，才能知道什么样的产品适合用户，继而打磨出用户喜欢的产品。不能闭门造车，因为用户的使用环境和思考方式可能和产品经理设想的需求相差很大。

时间资源是固定的，在开发时间和产品上线时间的取舍中，大多数情况都是尽量减少开发时间对产品上线的影响,让产品尽早有可用的版本供用户使用。在产品投放到市场后，再进行优化和提供更丰富的服务。简而言之，就是先扛住再优化。扛住的前提是指先正常实现需求，在用户的角度看体验是一样的，不会有大的变化。

先扛住再优化是时间和资源的平衡，宗旨是让用户在整体上的体验更好，能够尽早使用新功能。

有时由于后台系统本身有缺陷，需要进行重构升级。但业务层面表现很好，有很多需求特性等待开发，没有时间进行重构。这个时候也要选择先扛住再优化，优先保证用户侧的体验。对于程序中的技术债务，先用一种方式保证满足用户正常的需求，争取时间撑住一阵，等后面再陆续优化。

"先扛住再优化"主要有以下几个原因。

10.1.1　快速抢占市场

"天下武功，唯快不破"。互联网产品大都是和时间在赛跑。产品提早上线能够满足用户的需求，比竞争对手更早地占领市场。所以最先考虑产品怎样能快速上线，即使做出的产品并没有完全达到设计的最完善状态，或者性能没达到最优，也要先保证上线时间，然后边运营边修改。

10.1.2　实现先于性能

对比需求和性能，架构师更多关注的是需求。先保证逻辑实现是正确的，再针对具体的逻辑去优化性能。例如，在 Twitter 刚刚兴起的时候，打算在国内也研发一款类似的产品，该产品要根据国内用户的习惯，设计发送信息和阅读时间线的功能。最早只是验证用户的行为和设计，可以直接用开源 Web 框架和数据库实现，完全能满足万级的用户。当证明逻辑是通的后，再对语言框架、存储系统进行更换。如果想在几次升级迭代中修改代价更小，那么接口需要设计得当，不依赖底层组件，每个部分逐步升级，才能更多复用从前的版本。

例如，国外的知名网游引进到国内后，一般在开始阶段很难支撑国内巨大的用户群。在登录界面会让用户排队等待进入游戏。通常都会在几个版本后，通过扩容和修改架构，满足所有玩家的需求。在上线之初，只能先通过临时增加机器或排队机制，保证先来的用户能够体验游戏，后面再逐步优化用户体验。有时优化的速度匹配不上玩家增长的速度，此时就要有所取舍，做到"好钢用到刀刃上"，优先优化重点功能和效果最好的功能。最终实现研发侧最大限度地支持市场运营。

10.1.3　需求可能修改

有时产品经理心目中的"完美"并不一定是用户想要的体验。这时会根据用户实际的使用习惯来对产品需求进行修改。有时还要删除用户不需要的产品特性，过早地优化这部分要删除部分的代码会浪费时间。甚至有时实现的多份代码，只有一份代码最终保留给用户。在经过 A/B 测试、快速验证后，只对保留的长线版本进行专门的投入和优化，才能更节约研发资源。

10.1.4　验证用户行为

产品经过线上用户的使用后，架构师可以得到第一手数据，知道哪些地方是被频繁调用的，哪些地方是很少被调用的。综合评估调用次数和性能两方面来决定优化哪个点。有些地方即使看上去很耗费性能，但调用的场景和次数很少，不影响用户，可以先不用优化；有些地方即使看上去优化得很极致了，但调用的次数很频繁，也要想办法尽量优化。

例如，获取用户资料详情页需要耗时 500ms，获取用户好友备注需要耗时 300ms。如果仅看性能分析数据，则要先优化耗时长的接口。通过运营数据发现在拉取好友列表、群成员资料等很多场景中都会调用好友备注接口，只有在修改资料的时候，才会拉取详情页接口，调用比例为 10000∶1。所以优化好友备注接口，对于节约机器资源、减少用户时延的效果更好。这些都要根据实际的运营数据来决策。

通过实际的运营数据来确定优化的优先级，而不是说不重要的不优化。

10.1.5　突发问题案例

系统由于各种原因，有时难以满足当前的用户规模，但短时间内还没有方法修复问题。这时对用户提供的不是非 0 即 1 的服务，而是有一些中间状态，达到让用户相对满意的状态——先把当前不足够好的状态"扛住"，给自己留下充分的处理时间，再从根本上进行修复。

下面列举几个例子。

1. 临时带宽不够

由于用户量逐渐增加，导致视频网站的带宽使用率逐步升高，机房的带宽不够用了，但短时间内还不能把服务都迁移到具有足够带宽的机房，导致在每天用户上线高峰的时间段，用户加载视频的速度很慢，造成卡顿，影响用户体验。

如果经验不足，则可能会一直等到机房就位，采用扩容迁移业务的方式来解决问题。

为了先"扛住"，可以采取一些临时解决方案。例如，在高峰期，默认播放完视频后不会自动播放下一个视频。视频默认播放的质量也会降低一个档次。同时进一步压缩视频封面的图片质量，在高峰期用静态图替代动图封面。总之，在高峰期，利用一切技术和非技术的方法，保证用户正常使用网站的功能。

2. 客户端加载慢

客户端首屏加载比较慢，短时间还没查出来原因——涉及的模块非常多，有的是后端接口返回慢，有的是客户端的性能问题……由于原因众多，短时间内是无法完成优化的。如何先"扛住"呢？在演示过场动画的时候，推出一些有趣的文字信息，让用户在等待的时候不至于无聊，能够看到一些好玩的文字，觉得时间过得快一些，弥补一些"丢失"的体验。

在现实生活中也有类似的例子。例如，客人在海底捞排队的时候可以做指甲，或者吃一些店里提供的免费小食，有时还会让客人参加一些小游戏，打发等待时间。

3. 更新页面异常

一个展示用户数据的页面应该实时更新用户数据。但程序有 bug，有时会停止更新，用户看不到最新的数据，短时间内还找不到问题的原因。怎么办？一直找到问题的原因再修复？在此之前，使用该系统的用户就只能忍受 bug？可以先"扛住"，加一个补丁，提供用户手动更新的功能。添加补丁后，把问题暂时修复，但没有找到问题根本的原因。先稳定住用户侧，让用户有一个好的体验，然后给自己争取修复问题的时间，再根据日志等手段查询问题，最终修复问题。

增加补丁逻辑从效果上看是解决问题了，但切不可在这时止步不前，因为根本问题没有找到，这时只是"治标不治本"，可能会掩盖更大的问题。

先"扛住"只是在不得已情况下满足整体运行正常的一种临时手段，切不可作为常态。因为暂时"扛住"牺牲了部分功能，或者投入巨大资源来满足了短期的用户需求。从长远看，还是要寻找最终解决根本问题的方案，才能从成本和稳定性上最终解决问题。

10.2 最小可用，快速迭代

最简可行产品（Minimum Viable Product，MVP）是指可以先发布一个最简单的可行的产品版本，验证设计人员和产品人员的想法。

在开发一个新系统的时候，如果上市时间比较紧，那么一般会做一个最小可用集合的产品，优先实现产品的核心功能，保证用户的基本体验。然后逐步迭代开发新版本，补全缺失的其他地方。在这个环节中，保证每个版本都形成闭环，然后一层一层添加功能，快速迭代。

当系统架构支撑的产品推向市场的时候，也不是一个从 0 到 100 的过程。而是先从 0 到 60，然后逐步提升系统能力，把系统能力逐步升级到 100 的过程。

好的架构是演化出来的，不是一次性设计出来的。在设计时，不是不顾以后，只看当下，而是想到系统以后要扩展，要先想到理想的系统是什么样子，为以后升级系统提前预埋好升级逻辑，然后一步步迭代到最终形态。在架构侧要"小步快跑"，要对需求有预判，能够评定哪些模块是容易变的，哪些模块是很难变的，不至于在发现当前功能不适合的时候，额外产生巨大的工作量。在从小"跑"到大的过程中，也能够实现功能的不断累加，让系统越来越稳定。先前实现的功能能够被充分验证，有所叠加，类似于复利力量，越到后面需求实现得越快，到最后就是需求的罗列和模块的组装，甚至用配置文件就可以生成满足用户需求的系统。

10.3 不要等待

在软件快速迭代的过程中，有些工作是互相依赖的。例如，开发人员要依赖产品人员的需求单，测试人员要依赖开发人员做好的系统，否则都无法进行后续工作。这时要想办法尽快推进工作的进展。类似于 CPU 的分配策略，把一些大需求的实现过程分解为几个小迭代步骤。这样几种角色的工作可以并行，而不是互相等待。还可以主动寻找一些迟早要做、但不互相依赖的工作，保证没有空闲的时间片。

还有一点是现有的服务和架构是否满足用户当前的需求，如果不能完全满足，那么可以满足百分之多少？

- 例如，在微信公众号中，即使没有很强的交互功能，仅通过消息的问答，就能在已有的消息对话中实现强大的查询需求。可以先引导用户在公众号中留言，然后在 App 上同步开发界面更友好的自助查询功能。
- 可以先发布一个让用户马上能咨询的版本，减少用户的等待，做一个六十分的产品。

如果一直等到 App 的功能做完善，可能用户已经流失了。

在遇到一个好的产品机会的时候，要抑制一步到位的冲动。

长远来看，架构师要有一种延迟满足和逐步渐进的心态，在产品功能上分清主次，知道什么是最关键的功能，哪些功能是用户最看重的。如果几个功能或几种方案的优先级都被认为是最高的，那么和都是最低的也没有差别，说明架构师没有彻底了解当前的方案。

10.4　接受不完美

给用户提供完善的服务，每个细节都做到尽善尽美，这是我们的目标。但在现实中，我们给用户提供的服务不可能在每时每刻都是完美的，我们在心态上要接受有损服务。在设计架构的时候，也要思考在各种极端的情况下，如何尽力为用户提供服务。

10.4.1　分清主次

在相同的资源情况下，保障实现一个产品的主干逻辑，分支逻辑在资源不够的情况下给主干逻辑"让路"。

例如，加载一个聊天群的消息，首要的是加载消息内容和发送人的昵称。如果带宽没那么充足，那么发送人的头像可以延迟一会加载。否则带宽都被头像使用了，用户看不到消息，看清头像对用户来说意义不大。

10.4.2　自动化降级

如果衡量出服务降级后用户可接受，那么可以在需要降级的时候，将服务降级。降级通常有两种，自动化降级和人工干预降级。一般人工干预的降级是应对一些没有规律的突发情况。例如紧急故障等。在发生过故障的地方，如果规律确定，则可以实时自动化降级。自动化降级最主要的是要对标准有明确的量化，知道什么情况下需要降级，要降到哪个级别。例如，对用户网络的检测，网络状态的指标是什么——和服务器"ping"的时间，或者真正处理请求时每个步骤的时间。

10.4.3　代价最低

为什么要提供有损服务？一定是某些情况造成系统不能正常提供服务——一般是资源不够，或者是外部依赖的资源、接口质量有问题，还有可能是故障导致的。针对这三种情况，我们要有不同的分析方法，提供代价最低的方式来支撑服务。

资源不够：资源不够一般是带宽、内存或计算资源等不足。这里要提前计算好一个大服务中每个小服务所需的资源，当资源不够覆盖整体的时候，按照优先级给重要的小服务优先提供资源，等待资源恢复的时候，再逐步给其他服务提供资源。例如，当发现网络不好的时候，给用户展示的就是压缩比比较高的图片，如果用户网络带宽状况很好，那么就展示原始图片。

依赖资源质量有问题：对于外部依赖的资源、接口，我们很难控制好服务质量。这时要有完善的监控，能够及时发现问题。当出现问题的时候，使用一些默认值，或者明确的提示语提示用户。而且有时要有备选"通道"，发现一个"通道"有问题，就提示并引导用户到另外一个"通道"上去。例如，在网页上引导用户进行分享，如果发现某个平台的分享有问题，那么自动降低该平台的图标顺序的权值。如果用户一直分享失败，则引导用户用其他平台进行分享。

故障：在设计系统之初就要考虑系统各层的调用是否会出现故障。如果出现故障，那么最差的表现是什么，是否有方法将出现问题时的代价降到最低。一般的方法是发现底层调用返回了失败后，有一个保底或默认的值能够让整体顺利运行。例如，读取用户是否是 VIP 权限，用来展示用户在论坛上的勋章。如果读取数据库失败，那么默认按用户不是 VIP 展示，保证逻辑能够正常执行，而不是给用户弹窗显示接口失败，或者页面都渲染不出来。

10.5　及时偿还技术债务

互联网业务变化很快，一方面是随着产品特性不断增多，多团队同时开发导致代码量逐渐增大，系统架构也越来越复杂。时间久了，会导致代码风格不统一，代码中引入了一些不合理的地方。另一方面，系统架构经过长期发展，系统间调用的约束可能被打破，随着系统越来越复杂，很少有人能够了解整个系统的调用顺序。这时需要定期梳理，及时调整重复的架构模块和不合理的调用关系。

随着产品运营的变化，有些产品的方向也要进行修改和调整，导致从前正确的代码和架构变成了技术债务，需要进行清理或重新整理。

对于架构师的要求是：及时发现架构中不合理的地方和代码中的"坏味道"，有信心和勇气对系统进行重构，让系统永远"轻装上阵"。

运营环境像个人计算机一样，系统长期运行以后，会形成一些"系统垃圾"。例如，有些进程下架了，但安装包还在线上部署，只是没有启动；同一台机器中的部分端口和共享内存 Key 没有及时回收；一些开发人员在线上机器中建立的调试目录没有人管理。针对这些"系统垃圾"，要建立一套自查流程和规则，保证线上环境干干净净，并且能够及时"打扫"。

"冰冻三尺，非一日之寒"，系统的代码质量不是一下子变得不好，而是有一个缓慢的过程。不做一些代码优化的工作，短时期内系统也能正常运行，但对系统的长期维护是有影响的。而且每次新增功能和开发的隐形成本是很难测量的，也有引入事故的隐患。

采用"运动式"的清理来说不是最好的方案——这样会导致一次性修改的成本较大，而且发布变更比较多，同时很难一直保持如此高强度的优化。一次性发布 5000 行代码变更和一次性发布 50 行代码变更的风险和难度是不一样的——要把一个大工程分解，逐步实现优化。

常见的污染代码和运营环境的因素如下。

产品表现：

- 已经废弃的功能还能通过隐藏接口使用；
- 为用户提供的默认选项不是最优的；
- 产品文案过时，与功能冲突。

代码:

- 单文件、单函数代码过长,难以理解;
- 文档和代码脱节,没有借鉴意义;
- 废弃的代码注释后还保存在代码之中;
- 引入多种日志库,并且同时使用;
- 一些针对特殊业务逻辑的"Hard Code"的临时代码,时间长了没人知道是什么意思。

架构:

- 系统间的调用从层级变成网状;
- 多种相同功能的接口并存,本应下架的模块还在提供服务;
- 把本来没有依赖或启动顺序的模块变得互相耦合有依赖。

有些开发人员可能会想,这个业务不是我写的,只是维护,还是不要改了——这种想法是不对的。我们开始维护一个项目,就要对这个项目负责。从接手这个项目后,对比接手前在稳定性和性能方面的提升,就是我们维护这个项目所做的贡献。

还有的开发人员有"洁癖",看不得代码中有一点"污染",特别是针对别人写的代码——一切都要推倒重来,进行彻底的重构。彻底重构需要时间,一般互联网产品正常需求开发的时间都很紧迫,很难有专门的时间进行重构。从前的代码虽然不规范,但经过了验证。如果直接重构,则开发和测试的工作量较大,出现问题的概率也大大增加。

笔者之前接触过一个有 3 万行代码的文件,重复代码、冗余代码非常多,有些还有特殊逻辑,如果贸然修改,必然发生事故。而且每周都有新需求需要增加。在后续一年多的时间里,笔者在每周发布该文件所属的系统时,对一些无用的代码进行监控,看是否还有调用;将要修改的特性划分成小函数逐步迁移。经过一年的逐渐优化,最终代码变为 8 千行。从优化的时间跨度来看,效率不高,但这都是从日常开发中挤出时间逐步优化的。随着时间的增长,感觉没有进行特别的关注和修改,整个系统就把十几年的遗留问题慢慢处理了。

10.5.1 定期重构

重构可以针对代码架构,也可以针对代码段、函数等。随着技术的发展、机型的变化,系统的架构和代码也需要定期重构。重构能够缩减代码的复杂度,让代码更简单,更容易扩展。

例如，当 SSD 存储出现时，可以针对在机械磁盘上安装的程序进行优化。

在内存价格昂贵时，内存只能缓存部分磁盘存储，导致存储层的架构复杂。当内存变得便宜后，磁盘存储都迁移到内存存储系统中，让整体程序的维护更简单，访问速度更快。

有些需求经过几次修改，从前的方案已经不合时宜，这时需要重新划分系统职责，知道不再需要哪些代码，哪些从前认为重要的代码，现在已经成为分支。重新精简和排列代码会让程序更稳定、更容易扩展。

为什么要定期重构?

代码风格：参与工程的人员很多，很难做到代码风格的完全一致。随着项目的时间越来越长，修改越来越多，这时要定期重构代码，保证风格一致，去掉风格不合适的代码。

系统逻辑复杂：随着系统支持的业务规模不断壮大，增加的逻辑越来越多，欠的技术债务也会越来越多。所以定期重构能够减少技术债务，让系统越来越"清爽"，系统后期发展更好。

用户增多：随着系统发展，用户量逐渐增大，对资源的需求也逐步变大。从前不需要优化的地方，现在可能稍加优化，就能节省很多机器资源。例如，用户验密的地方，开始用户量少，调用次数少，即使算法没有那么"考究"，也能够正常提供服务。随着用户规模增大，用户请求次数增多，对 CPU 的占用越来越多，计算资源成为性能瓶颈。这时就要重构加密算法，实现快速处理加密信息。

长期演化产生很多互相调用关系：很多软件在最初发布时架构都是很简单的，随着功能不断叠加，增加的模块越来越多，模块间的调用关系错综复杂，最后仅靠一名开发人员是梳理不出来调用关系的。在众多调用关系中，肯定有破坏了原始的架构层级的地方。这时就需要由架构师定期"review"，发现问题。在设计需求的同时，尽早制定调用规则，把系统架构拉回正轨，保证复杂度可控——这是一个长期的过程。

10.5.2　及时清理

系统经过多次修改和需求升级后，有些代码段已经出现了问题。例如，很长的 if …else，或者大段的函数。如果不及时清理，则容易形成"破窗"，越往后越不敢修改这些代码。例如，一个文件有 10 万行代码，一个函数有 1 万行代码，修改和测试这样的文件和函数都是很难的。一般要配合灰度发布，每次只修改一小部分，慢慢修改才行。笔者曾经把一个 10 万行的代码精简到 3 万行，历时近半年的时间。最后的 3 万行代码，每次修改都很难，许多数据和逻辑混合到一起了，而且也不统一，比重写一次还要困难。

有些代码需要删除，但有的开发人员舍不得删，只注释掉，在需要时打开注释就可以恢复代码。现在都有代码管理系统，无论 SVN，还是 Git，只要把代码入库保存，就能找到历史版本。当发现过期的代码时，直接删除就可以。这样能减少代码的行数，避免看代码的人分散注意力。

例如，最初的产品有三档收费标准，根据每月交易单的数量来决定每单收费的价格。[0, 100) 为每单 10 元，[100,500) 为每单 8 元，[500, 正无穷] 为每单 5 元。用代码表示如下：

```
int GetFee(int count)
{
    if(count < 0)
    {
        return -1;
    }
    if(count < 100)
        return 10;
    if(count < 500)
        return 8;
    //后续每次添加新逻辑都增加新的 if 代码
    return 5;
}
```

随着产品运营越来越精细，对于每个区间的收费标准制定得越来越细致。由于需求是不断提出来的，有时一个项目中的同一个功能会历经多个开发人员的修改。例如，产品多了 10 个收费区间，则中间需要添加大量的 if… else 语句，函数达到几十行。而且有时临时调整价格，开发人员还需要修改代码并编译、发布。修改的代码虽然不多，看似也比较简单，但导致开发的工作容易被打断，修改的链条变长，产品功能要等开发人员发布完才能生效。在一些节假日期间，由于开发人员不在工作岗位，修改的时间会更长。

架构师发现代码中有了"坏味道"，就要及时制止。在修改需求的同时，也要把代码进行重构。当收费标准比较固定时，可以把收费标准写到代码里。后期收费标准变成了经常修改的运营项时，就要把收费标准变成配置项。从外部数据库读入收费标准的配置，实现在运行时修改收费标准配置的目的。当 if …else 语句变多时，可以采取表驱动的方法来优化代码，让代码的长度变短。以后即使有上百个收费标准区间，也不会改变代码的长度。

以上只是部分案例，在日常开发中，对技术债务要做到"防微杜渐"、及时清理。

10.5.3　对技术有追求

开发人员对自己写的程序要有一种工匠精神。除了满足日常不断增加的产品需求，给用户提供更多的功能，也不要忽视对代码整体的整洁性要求。这是一个持之以恒的过程，一般代码在开始编写的时候，都比较干净整洁。随着功能逐步增多，修改一些边界不清楚的地方，就会不断引入新的函数和模块，让从前清晰的架构分界变得模糊。

而且随着项目开发人员不断增多，不断有各种风格的代码和组件被引用进来，有时也会造成函数功能臃肿、逻辑重复，甚至有些功能都没有用途，但相关代码还在。

不仅是代码，在运营环境中也会残留无用的脚本和文件，有些进程功能重复，或者无用的进程还在运行。

以上这些都要求工程师在发现"不干净"的地方时要及时清理。就像打扫卫生一样，如果常年不打扫，那么进行一次集中大扫除会花费很多时间。而且系统进行一次清理后，并不能保证后面不再发生代码难以维护的情况。只有平时多注意，随手清理，维护代码环境的干净，才能保证代码、程序，以及整个系统的架构都是干干净净的状态！

平时要多关注业内动态，学习新技术，定期重构一些由于技术水平导致的设计缺陷。

10.6　小结

完成比完美更重要，这是在可用和完美可用之间做选择，在有限的时间资源和用户完美体验间的取舍。

实践经验表明，在互联网行业，逐步优化、持续集成是效果最好的。既可以尽早抢占市场，吸收用户的建议，降低改造成本，又可以减少投入的开发资源，在投入和产出比上效果最好。

另外，也要防止由于认知不足，导致在办公室设想的完美体验是一厢情愿，并不一定满足用户的需要。在系统达到可用的时候，先放到外网供用户体验，验证想法，然后逐步迭代。

接受不完美，只是在时间和不完美之间优先选择时间。当时间充足的时候，要及时偿还技术债务，最终实现完美体验。

第 11 章　聚沙成塔

随着互联网的发展，互联网服务提供的功能越来越多，规模也越来越大，导致互联网服务的复杂度也越来越高。例如，谷歌总共有 20 亿行代码。在涉及这么庞大的系统工程中，不可能一个人完全掌握全部代码，完成全部开发工作。架构师要根据软件的功能，把大的功能进行拆解，对外封装，层层组装后提供一个完整的服务。

近年来比较火的微服务也是这种思维，通过小规模的模块来组成统一的对外服务，实现单个模块简洁且易于维护升级的目的。

作为架构师，要具备这种思考方式——设计的架构尽量简洁，功能单一，降低复杂程度，尽力复用；在系统之间做到低耦合，把复杂的部分封装到系统内部；把整体使用最多的部分抽象独立，通过组合多个小而简洁的模块，汇聚出一幅完整的架构图。

11.1　小而简洁

好的架构都是简单的、易于理解的。我们在设计系统的时候，也要追求简洁，控制好系统规模。不要将系统设计得过大，导致系统复杂，不易维护和修改。

一般互联网系统的功能都很繁杂。在设计系统的时候，要把一个大系统分解为互相正交的一些小系统。通过网络通信，制定协议来实现不同模块间的通信。在软件层面做到高内聚、低耦合，以后扩展系统的时候，不用修改所有的地方，只要修改涉及的模块就可以，减轻测试的负担。

在现实生活中也有类似的例子：哈勃望远镜把中间的镜片分为几组，每组之间负责不同的折射功能，而不是由一块镜片完成全部功能。而且设计了多个镜片部分，通过替换就可以达到修复望远镜的目的。当哈勃望远镜第一次升上太空后，真的出现了故障导致拍摄的图片不清晰。最后使用其他卫星把需要修复的镜片带上太空，完成替换镜片修复望远镜的工作。如果当时设计了一个不能对模块进行拆解替换的望远镜，那么望远镜第一次出现问题时，则全都功能都不能用。

将一个大系统分为多个小系统的优点如下。

1. 小系统更灵活且可以复用

如果一个大系统是由多个小系统组成的，那么针对不同小系统的功能进行组装，能够实现新的功能。

例如，现在的互联网服务都提供网页版和客户端版本，客户端版本还分为 iOS、Android、Windows 版本，不同版本的功能策略和要求都不同。Web 版只能支持 HTTP 协议，而手机端在弱网络下要控制流量，加载经过压缩的资源，Windows 版可以展示更多的内容。

如果代码都写到同一个模块中，那么针对不同终端的改动都要修改整体代码并发布，也很难做到针对不同的端进行不同的部署隔离。如果想把不同端的逻辑分给不同的团队开发，那么还要合并代码，制定防止因为合并不同代码分支而产生冲突的规范。

如果把后端拉取数据的逻辑单独作为共用模块，把各端的逻辑单独作为不同的模块，那么就解决了上面的问题。每个端的逻辑修改只影响自身。各端的逻辑模块也可以分开独立部署，不同端的后台之间是隔离的，互不影响。未来再增加一个新的终端类型，其他端也都是无感知的，不必承担新增终端后带来的风险。

模块的功能要设计得小一些，当其他模块使用某些模块已有的功能时，只要简单组合，就能实现新的功能，不用开发重复的功能。例如，一个 A 模块查询用户的好友列表，一个 B 模块查询批量号码的昵称，还有一个 C 模块查询批量号码的好友备注。当展示好友资料卡的时候，可以用到 B 和 C 的组合。当展示最近联系人的时候，可以用到 A、B、C 的组合。当展示用户好友列表的时候，也按照 A、B、C 的顺序调用三个模块的功能，拉取好友的昵称和备注，如果发现有 C 的内容，则不展示 B。这三个场景在上层是三个不同的业务场景，但在底层是三个相同的模块。只要在逻辑层调用 A、B、C 三个模块进行组装就能够灵活地实现各种功能。底层的三个模块只要各司其职即可，感知不到其他层的存在。

如果不把一个大模块划分为小功能模块，每个场景做一个功能，那么三个场景会有很多重复的逻辑。当底层数据库或数据存储发生变化时，上层逻辑也要修改。但修改的这些代码逻辑和业务逻辑关系不大，也凭空增加了风险。

把大模块划分为小模块的方法要实现系统的高内聚、低耦合，可以按照功能或逻辑划分模块，找到主干和分支，分清主次逻辑，才能更好地划分模块。

所以，将一个大系统分为多个小系统，方便组合和复用模块，降低系统复杂度，便于维护，容易扩展。

2. 系统升级重构的风险更小

如果把一个大系统划分成多个小系统，那么当对某个模块进行重构的时候，影响的代码是有限的。修改包含 100 行代码的文件的风险，要小于修改包含 10000 行代码的文件的风险。

针对小系统的替换，也让系统部署的风险更小，如果发布后有问题，那么需要回滚的功能只占全部功能的一小部分，不用全部回滚，影响也更小。

3. 开发周期变短

如果软件功能不可分解，即使增加开发人员，也不能让开发周期变短。把系统分解为多个正交的模块，制定好互相调用的协议，就可以把系统交给多组开发人员进行开发，成倍地缩短开发周期。

由于开发团队的规模变大，每个团队更聚焦于其所负责的模块，对开发的模块质量也有正向的帮助。

一个程序员一次交付一个大模块，和分十次交付十个分解的小模块，总投入的精力是差不多的，但单位模块交付的期限缩短，相关依赖可以并行，软件质量的差别也会很大。

模块间的开发相互独立，不至于一个模块出了问题，影响整个系统。如果哪个模块比较重要，则可以增加资源来保证模块的可用性，把有限的资源用到最需要的地方。

4. 每个系统的功能更专注、更内聚

每个系统的功能更专注、更内聚时，能够充分提升系统的性能和准确性，也能够合理利用资源。

微信后台产生 ID 就是一个这样的例子：在微信后台系统中，系统所使用的 ID 模块被抽象出来，作为一个单独的服务。这个模块只有一个功能，就是产生不重复的 ID，而且供多个业务使用——消息 ID、资料 ID、朋友圈 ID 等。

这个系统的功能更专注，高可用、低延迟地产生 ID。针对高可用，该系统会部署多份，

确保实现冷备/热备的高可用。针对低延迟，该系统会使用内存加载数据，并且设计一些算法来保证"死机"后能够尽快恢复服务。

由于有专门的团队来开发产生 ID 服务的基础功能，所以保证了服务的稳定。多个业务调用该系统提供的服务也会让部署更合理，减少了机器资源的浪费。

把一个大系统划分为更多小而简洁的系统（模块）是系统最终要追求的目标。

系统是不是划分得越小越好呢？

当然也有一些例外的情况。系统划分的规模要根据团队规模和系统功能规模来定。

如果几十个工程师负责一个系统的开发工作，那么肯定要细分系统，这样才能做好分工和合理组装新功能。如果是早期创业团队，或者制作产品最初的原型，那么还是越快实现产品越好。

如果预见未来业务会越做越大，那么可以按照划分原则，预埋以后划分的功能。例如，接口、调用关系等都按照最后分解的方式来制定。如果预见以后该业务会提供更多的接口供外部调用，那么上层使用该业务提供的功能时，通过网络协议实现功能的调用，而不使用单机进程间通信的方式实现调用。这样以后能实现分布式部署，有利于实现系统的快速扩展。

另外也要预防过度设计。

即使团队规模和业务规模达到能够划分的程度，也要注意划分的粒度。分得越细，会造成调用关系增多，一些公用的部分本来只需要一次调用，实际却被分为多个接口组合调用才能实现功能，而且细分的接口还没有单独提供服务的机会。

如何评判划分的粒度是否合理，是否过大或过小呢？没有一个明确的数值标准，架构师要根据自己对业务和架构的了解来评判。可以回答几个问题来判断：

（1）当前系统的功能是否太多，开发人员不能掌握全部的系统信息，每次都需要专门查询才能了解系统的功能？

如果答案是肯定的，那么你已经感觉到系统规模太大，这时就需要检查系统，将系统划分得更细，改变这种现状。

（2）如果系统包含多个业务模块，那么是否有某些功能是重复的，而且这些重复的功能都要通过多个不能复用的子模块组合起来实现功能的调用？

如果答案是肯定的，那么说明系统划分得有些过细了。这时要检查重复且多步骤调用的地方是否需要合并，或者增加一个代理层，对外屏蔽内部的多个调用细节。

11.2　扩展能力

积少成多，集腋成裘。之所以架构要采用从小到大集成的方式，是因为资源有限，短时间内直接制造出最终态不可行。所以要先设计出一些小的，满足当前可用的模块或组件。以后系统需要变大时，可以复用从前的模块或组件，构造更多功能的系统。

就像乐高积木一样，很多小的积木块通过简单的接口进行组合，就能形成不同的物体。

扩展性的分类有：协议扩展性、函数参数扩展性和部署扩展性。

1. 协议扩展性

通信协议是不同系统沟通的基础，设计一种具有扩展性的协议，可以在两个系统接口的协议不变的情况下，实现互不干扰地升级，保证团队间沟通的成本最低，每个系统实现内部高内聚、外部低耦合。

要实现协议可扩展，被调用方就需要让调用方提供必需的参数，不要让调用方为了实现功能而了解很多系统内部的调用细节。这样对外能够更好地封装功能接口，暴露最少的信息，方便以后扩展服务端的功能。

另外，尽量给调用方提供通用的协议，使用通用的协议功能实现个例的需求。

例如，协议要支持查询单条数据的功能，此时可以提供一个查询批量数据的接口。即使最初不涉及批量的查询，也可以先制定好协议。这样将来系统支持批量查询数据时，调用方和被调用方两边不用再重新新增和修改协议，只需要重新填充协议内部的字段即可。

但这种提前给出扩展性的协议有一个弊端，就是由于有些功能不是现在使用的，会有人在实现调用接口时把限制条件写死，没有按照扩展的方式正确实现调用接口的方法。当真的支持扩展功能被调用时，还是会出现问题。

就像上面说的批量功能，开始是查单个，有的开发人员在实现获取单个数据功能的时候不管数量内容，只读取第一个结构体，开始代码是能正常工作的。当系统升级支持批量调用时，这部分代码只能处理获取单个数据的操作。

这里的原则是按照最终的协议逻辑来实现接口的调用。针对缺失的功能先写好函数，返回失败，等后面支持这部分缺失的功能时再补充函数功能。

2. 函数的扩展性

函数与协议类似，可以把协议理解为一种远程的函数。在函数实现的时候，也要考虑同名函数会有不同的版本。特别是在做一些基础组件或 SDK 的时候，对函数参数的设计尤为重要。在一些高级语言中，可以通过设计模式来实现同名函数支持不同的参数类型。

在 C 语言中，可以通过 void 指针，或者根据一段变长内存参数来自解析函数参数，实现版本控制的目的。

例如，实现一个网络框架库，需要各个业务引入 lib 调用。如果函数参数的个数和类型经常变动，那么每次升级 lib 对业务开发人员来说都很痛苦，因为本来没有业务需求，还要修改代码来适应新的公共组件，很难提高开发人员的积极性。如果前后版本协议兼容，则只需要重新编译，就可以实现提升性能或减少 bug 的目的，调用方升级的积极性也会提高。

3. 部署扩展性

在实现协议扩展性后，还要找到真正的服务器来调用协议。那么被调用方通过什么方式让业务路由到新协议呢？

可以通过服务发现系统、域名或虚拟 IP 地址在业务扩展或更换实体机器的时候让调用方无感知。

例如，初期用户量很少，部署一台服务器就能支撑起服务。服务器上的进程间通信要保证是网络通信，当有一天服务器多了，一台服务器不能部署全部进程的时候，不至于从头修改代码。

总之，跨系统通信或组合是耗费资源的，可以通过降低两个系统之间的耦合度来实现降低通信成本、提高通信速度的目的。在系统从小到大的演化过程中，许多功能可以复用，不用重新开发。一个架构师让系统升级多个版本后基本框架不变，也是一种能力的展现。

11.3 小结

互联网业务的需求经常改变，有时甚至会和从前的需求相矛盾，或者打破从前的规则。

每次需求修改，都要把架构推倒重来吗？当然不是，只要做到架构能够适应变化即可。如何做到架构可以适应不断变化的需求呢？

首先尽量按功能、特性把系统细分成许多细粒度的部分。但要把握好度，防止过度设计。通过粒度的划分，能够降低系统复杂度，同时可以并行开发系统。另外，细分系统也能够分清主次功能。在每次增加新功能时，可以保留共性，复用已有的模块和组件。

然后实现系统功能的正交分解，尽力抽象每块独立的模块。最终将许多小模块组成一个功能完善的大系统。当外界不断变化时，修改的只是组装的规则，不会影响最核心功能的实现部分的代码。架构满足扩展性的要求，在系统后期维护中可以起到事半功倍的效果。

第 12 章 自动化思维

第二部分介绍了自动化在架构设计技术中实现的方法，这些方法是解决具体问题的。我们要具备自动化思维，这样在遇到不同的问题时，可以指导我们去寻找自动化方案，进而降低操作复杂度，提升工作效率和项目稳定性。

12.1 拒绝重复

对于软件工程师来说，要摆脱纯手工的操作，不做重复的劳动。重复劳动对工程师的技术成长的帮助有限，而且人为操作容易出错，交给程序实现比较可控。

对于重复的操作，我们可以设置一些阈值，当超过阈值的时候，触发我们进行思考——是否有办法实行自动化，优化这个操作。例如，一个例行的运维操作，一个星期内已经手工改了三次，这时就要想办法通过程序自动化来实现这个运维操作。如果不采取措施，那么在这个操作上面消耗的时间就会越来越多。

为什么许多"勤快人"没有意识到这一点呢？因为他们对时间成本的估算出了问题。

12.1.1 时间成本

计算时间成本不能只看累计时长，还需要看权重，以及工作时被打断需要多长时间恢复之前的工作状态。下面有三种评估时间成本的方式。

1. 累计

这种时间成本的计算方法就是单纯的求和运算，计算在一件事情上消耗的时间总和是多少。例如，每次提取数据都是通过手工输入 SQL 实现的，一次操作过程的耗时为 10 分钟，一周执行一次，一个月消耗 40 分钟。但使用一个小时来开发自动化脚本，一个半月就收回了手工操作的时间成本。

2. 权重

有些自动化的操作消耗的时间总和会很多，每次投入的时间不长，但两者的时间段是不一样的，不同时间段的时间权重也不同。例如，上面说的提取数据的操作，如果每次人工操作消耗 1 分钟，但开发脚本要用 100 分钟来写程序，那么提取 100 次才能回收时间成本。

看上去这个自动化操作更浪费时间，因为要很长时间才能收回时间成本，而且有时只是偶尔才有这个需求，如果需求不到 100 次，那么还是手工操作更合适。

这种想法没有考虑时间的权重。用来开发自动化脚本的时间是一次性投入，可以在项目开发的间隙，或者专门的一段时间来开发自动化脚本。但提取数据的操作可能在发布的时候，还可能在开发功能的时候。有时开发人员可能并没有那么多的时间进行运维操作。即使这个操作很简单，但在有紧急需求时进行重复的运维操作会大量占用程序的开发时间。紧急开发另一个需求时的 1 分钟所占用的权重和要超过平时 10 分钟的权重和。所以在开发需求不紧急的时候，安排一些开发自动化工具的工作，应对紧急的手工操作的需求也是合适的。养兵千日，用兵一时，平时多投入一些时间和精力，保证在紧急需要的时候能够从容应对。

3. 打断

如果正在执行的进程被打断，要想再恢复运行，就要进行恢复上下文等操作，严重影响执行时间。

如果一些例行的排错或日常的运维操作经常打断工程师的工作，这对长远的程序产出有很大影响。对于经常被打断的事情，要思考如何解决——是因为没有运维工具而导致每次都手工操作，还是因为没有明确地上报或做自恢复而每次都要手动登录服务器恢复数据。只要一出现故障工作就被打断是不合理的，需要开发一些自动化工具来减少打断。

打断是一种容易被人忽视的、降低工作效率的常见问题。

12.1.2 解决重复

1. 运维自动化

对于一些例行的运维操作，要设想是否每次都有执行的必要，能否自动执行。有些操作表面看没有什么有效的优化办法，但通过学习一些新技术，还是能够有所突破的。

例如，研发人员都要定期值班来判断数据是否有异常。直观上看，这是只有人能进行的操作，每天投入十几分钟是避免不了的。我们可以利用曲线拟合，找到和昨天、上周的当日数据不同的视图，还可以利用机器学习来判断数据是否异常。通过引入新技术，让人工值班的时间大大缩短，而且还降低了漏看异常的概率。

2. 逻辑抽象化

在代码中，如果发现某段代码分布在程序的多个文件中，那么就要思考如何将其收归成一个函数，收归也有助于提高系统的稳定性。每次调用都使用经过多次测试的函数，不容易出问题。如果几个模块都在做类似的事情，那么要想办法收归模块，让系统更简单。

例如，每个活动都有抽奖环节，可以把抽奖这部分逻辑抽象出来，形成一个公共的服务，不同的活动调用统一的接口。实现抽奖逻辑抽象化，既减少了工作量，又提高了系统的稳定性。

通过简化已有的重复操作（抽象、收归），达到解决重复操作的目的。

3. 操作熟练化

这一点和软件架构的相关性不大，但对于提升工程师的工作效率来说，影响是很大的。在开发过程中，工程师要使用很多软件。一个熟练的工程师和一个生疏的工程师相比，即使做同样的事情，花费的时间相差也非常大。

工程师要掌握常用办公软件的快捷键；常用 IDE 的快捷键，代码片段的补全功能等；常用语言的库函数、第三方库和框架；Linux 常用命令等；正则表达式……

以上这些都是后台开发最基本的工具和方法。熟练掌握这些内容，可以提高开发和运维的速度，也不会花时间造出很多已有的"轮子"。

4. 工具自主化

有时开发人员会收到产品或运营人员的需求来执行一些运维操作。许多运维操作之所以由开发人员来执行，是因为没有工具的支持。这种方式既浪费时间，又没有权限控制，还具有依赖。如果开发人员不在，那么运营人员还找不到能够操作的人来实现需求。对于一些数据提取操作，有的开发人员直接操作数据库，用未经封装的原始 SQL 来处理数据。这样的操作不仅低效，而且危险，另外没有记录，发生问题很难回溯。

　　正确的做法应该是让需求提供方自助操作。这样既减少了开发人员的一部分工作，也让需求提供方能够随时提取数据，不会有时间瓶颈。

　　作为一名架构师，除了自己要做到以上要求，还要对团队进行开发工具的培训，保证团队整体开发工作的高效。

12.2　工具系统化

1. 易操作

自动化可以分为以下几个层次。

1）把需要记忆的部分文档化

做到文档化，就可以有迹可循，每次只要按照规则操作就不会出错，但会产生重复操作，是初级阶段。

2）把文档的部分脚本化

把文档变成脚本，通过执行一个命令实现批处理的目的。每次只需要触发一下，就可以把操作执行完毕。很多开发工具会做到这种程度，可以显著提高开发效率。

3）把专用工具"傻瓜化"

把文档做成脚本还需要专门的人员执行具体操作，更进一步的做法是把专用工具"傻瓜化"，实现任何人都可以操作的目的。这样就可以解放开发人员，让需求提供方自助操作。

最简单的方式是做一个管理后台，用 Web 网页的形式展现，把操作设计得简洁明了。把工具做成管理系统的方式，可以实现权限控制、记录日志等功能，让线上操作有据可查，也提高了业务的安全性和稳定性。

例如，网站的运营位会定期更换 Banner 广告，有时要求在短时间内就更新完毕，甚至在节假日也需要更换 Banner。如果一个开发人员在短时间内连续手动执行三次以上更换 Banner 的操作，那么就要思考把这部分操作流程化、自动化。

最初先把记录一步步写到文档中，比如先登录哪些机器，执行哪些 SQL 语句，如何去掉缓存，怎样验证等。经过这一步，下次再操作时不用思考，直接按照文档记录的操作步骤执行即可。

更进一步是写成一个脚本并放到运维操作文件夹中，下次再更换时，把要更新的 Banner 资源的链接作为参数传给工具，直接按回车键就执行完了命令，而且其他开发人员也能够帮忙操作。

做到这一步还不够，因为真正提需求的是运营人员，他们是真正的需求发起方，当他们让开发人员更换 Banner 时，也希望开发人员马上执行。有时联系不上开发人员，会影响运营指标。最好的方式是将更换 Banner 的需求做成管理后台，运营人员可以自行上传 Banner 资源，进行更换和校验操作。

由于更换网站 Banner 的操作是敏感操作，还需要加上审批环节、权限系统。这样以后运营人员就自助完成该操作，而且只有具有权限的人员参与。而且每次修改都会记录系统操作日志，安全性也能够得到保证。

2. 创新

具备自动化思维后，对于一些看似没有可优化空间的地方，经过思考，也能够创新开发出许多工具类的产品，就像产品经理设计互联网产品一样。开发人员可以设计出用于开发的工具、函数库或框架等。这些产品对于提升开发效率有很大的帮助。

例如，进行二进制协议的开发时，打/解包是一个很频繁的操作，很多开发人员都是手动处理打/解包操作，当字段变多时，经常会出问题。即使有些细心的工程师不出错，也要花费很多精力避免出错。当其他模块的协议传输过来后出现问题时，也要很久才能找到出错的原因。

Google 的工程师开发出了 Protocol Buffers，通过协议文件直接生成代码，自动打/解包变得更容易，少了很多代码，而且支持多种语言。打/解包的自动化对提升二进制协议的开发效率起到了很大的作用，全世界很多程序员都在使用这个函数库。

这就是一种创新，是程序员对自己工作中的工具进行的创新。

许多软件或工具的市场看似已经是"红海"了，但经过创新，很多工具都会再次抢占市场。例如，在 Nginx 出现之前，大家认为 Apache 和 IIS 已经够用了，但 Nginx 出现后，由于其具有更好的性能，更灵活的反向代理能力，在短时间内就占领了很大的市场。Chrome 浏览器、Sublime Text 编辑器、VS Code 编辑器等都是类似的创新产品。程序员在自己的领域也能创新开发出更多好用的工具。

12.3　小结

自动化思维是架构师必备的一种思维方式，也是整个团队氛围建设要实现的目标。

对于开发软件的人来说，效率和性能是更重要的自动化思维意识的培养，无论对工作效率，还是对设计架构的效率，都有着积极的影响。

第 13 章　产品思维

工程师不应该只是写好代码，按照产品经理的需求单实现功能。如果只是那样，那么就相当于一个代码翻译器——只要会写计算机语言就可以，缺少独立思考。

工程师要以产品经理的角度思考问题。代码最终要变成产品，通过产品来提供服务。如果用户不接受产品，那么再好的代码也没有实际用途。如果一个架构师只关心程序的性能和实现，那么他只是一个好的程序员，却不能成为一个优秀的架构师。

利用代码实现程序只是手段，不是我们做产品的目标。我们的目标是软件对用户有帮助，可以解决用户的痛点。所以一个架构师要有产品思维，从产品的角度去思考程序设计，理解产品需求。

架构师要想具有产品思维，要做到哪些方面呢？

13.1　体验业务

产品经理负责设计软件的功能，开发人员负责实现软件的功能。作为一个架构师，是不是实现的系统没有 bug 就完成任务了呢？肯定不是的。架构师也要像产品经理一样，多体验自己的产品，关注运营数据，查看用户的反馈，收集社区中用户反馈的痛点。

1. 通过体验业务验证服务是否正常

作为架构师，我们可以从技术角度发现产品经理体验不到的问题。有时系统会做一些柔性设计，当系统出现一些异常时，用户侧却表现正常，这就导致某些场景看似正常，实际上是通过柔性设计隐藏了问题。例如，当搜索服务器的处理时间太长时，就不返回推荐的内容。此时用户认为系统的功能也是正常的，只是没有推荐的内容。

2. 通过体验业务增强工作的成就感

如果只是做后台开发的工作,不知道自己的服务用在什么地方,那么成就感是缺失的。当真正看到自己设计的后台支撑了海量用户进行通信、海量玩家进行游戏的时候,会觉得自己的努力没有白费。通过实际的场景来观测系统实现的价值,有利于增强工作的成就感,激发热情。

另外,我们除了是架构的设计者,也可以是一个普通用户。以普通用户的角度来体验产品,如果发现问题,则可以快速反馈给开发团队尽早修改。如果开发人员自身都不体验自己的产品,开发的产品连自己都打动不了,那么怎么去打动千千万万的用户呢?

3. 关注运营数据

架构师除了关注后端服务的性能数据,比如 CPU 负载、内存容量、网络带宽、磁盘容量、系统的访问量、时延统计等,也要像产品经理一样关注运营数据。

通过对业务数据的了解,明确自己设计的架构的意义。另外,通过一些数据指标也可以指导未来产品的导向。开发人员也可以自己思考一些需求,基于对技术的了解,知道哪些功能是容易快速实现并能快速解决问题的,提出这种事半功倍的功能是架构师的一大优势。而且很多行业内知名的产品经理都是技术出身,可以依靠技术的优势,更透彻地了解产品,也能够通过运营数据了解用户行为,知道技术侧应重视哪些指标。因为开发人员在后台观测到的系统调用数据可能经过了很多层抽象,不知道用户真正的访问模型。例如,如果一个用户加了五个好友后,就会持续使用平台提供的服务,成为一个稳定的用户。架构师知道这个行为有助于对"加好友"业务的理解,明确推荐好友精准度对平台的价值,就可以设想如何通过技术手段来提升产品"加好友"的能力,让用户更容易找到要添加的好友。

13.2 体验竞品

竞品和我们的产品实现一样的功能,大家殊途同归,面向一个目标。我们要从竞品中学习和借鉴,提高我们的产品质量和服务能力。

多体验竞争对手的产品,才能知道竞争对手最近的打法,他们有什么创新,什么地方比我们强,什么地方不如我们。

开发人员体验竞品有一种优势，就是"透视能力"——通过产品的外在表现和使用反馈推断出产品是如何实现的，有什么局限，有什么地方是可以借鉴的。

例如，同样是一款 FPS 游戏，在体验竞争对手的产品后，发现在低段位的匹配比赛中，匹配速度特别快，而且游戏体验特别好，玩家能够在游戏中获得很高的分数，但到高段位时，匹配速度就比较慢了。经过分析和观察，发现在低段位的时候是有机器人匹配的，为了让玩家看不出是机器人匹配的，还会将机器人的名字和资料设置成和真实玩家类似。机器人的游戏困难度是可以调节的，随着段位的提升，难度逐渐增加。通过观察，发现这款产品的设计理念是增加低段位玩家在游戏中的留存率——入门简单，减少挫败感，能够在游戏中多探索，最终提高玩家的留存率。对于高段位玩家，要注意玩家的专业游戏体验，给高段位的玩家匹配专业的玩家，实现更好的游戏体验。在一个游戏中，既要有低段位玩家，又要有高段位玩家，这种按照玩家身份进行策略划分的方式，是一种很好的产品思维，值得很多产品经理学习。开发人员也会从中受到启发，通过匹配速度和玩家的测试，知道投放机器人的数量和难度的指标，为自己仿照竞品提供基础。

根据产品的特点寻找最适合自己的产品体验来弥补不足，不可以一味地照搬全抄，因为有时产品的形态相似，但产品的使用场景不同。

例如，每次在不同的计算机中打开企业微信，都会从头到尾把半年内的消息同步过来，可以明显地看到企业微信在不停地同步消息，会把历史消息都重新拉取和更新一遍。

为什么个人微信没有拉取半年这么久的消息呢？个人微信一般只拉取最近几天的信息，甚至还会让用户选择是否同步最近几天的消息。因为使用场景不一样——企业微信是在工作中使用的，聊天内容的同步非常重要。而且企业数据是要求都保存的，个人微信为了保护个人隐私，保存的聊天记录是有时间限制的。

我们做一款即时通信软件，也要根据不同的软件特点，学习共性，避免差异。

体验竞品可以激发潜能。例如，我们很久都解决不了的问题，竞品给解决了，而且还解决得很好。即使不知道竞品处理问题的方法，也可以确定该问题具有可行性的解决方案。体验竞品能够增强我们寻找解决方案的信心，也能够激励团队持续寻找解决方案。

13.3　扬长避短

在评审需求的时候，产品经理会从产品体验的角度来提出意见。但技术是有约束的，不是所有的需求都能实现，这样就造成了产品经理和技术人员之间的矛盾——产品经理认为技术人员实现不了需求，技术人员认为产品经理提出了无理的需求。

但具有产品思维的技术人员会把技术约束给产品经理讲明白。同时，也会理解产品经理的本质诉求，能够提出有效方案，规避技术约束。有时技术人员也能够提出修改产品的建议，提高产品的稳定性，避免上线遭受损失。

有些产品的设计是"危险"的，是"覆水难收"的，这一点要特别注意。例如，iOS的推送消息（给用户发送的短信和邮件）。这种消息的特点是单方向的，只能下发，不能修改，不能撤回——如果措辞或字义有问题，则会导致信息难以修改，传播后对产品造成不好的影响。

常见的几点错误是：发送了错误的消息；发送的数量超过了控制的范围。所以，一般在设计这种系统的时候，都要加入权限控制和审批流程，防止出错。另外，在消息体加上订单号字段，做到幂等性，防止一条消息被重复发送多次。如果错误在所难免，那么宁可少发，也不能多发、错发。

除了需要注意发送消息类需求，对于发奖类需求，也有很多类似的建议。例如，对于产品经理提出的发奖需求，开发人员可以提出一些产品建议。

（1）有相应的补发机制和预算控制机制。

（2）延迟发送奖品，要有挽回损失的余地：万一发错或多发，能够通过对账补回，或者控制因为恶意刷量造成的损失。一些预付费的奖品会直接产生账单，难以追溯，风险容易扩大，要更加慎重。否则活动预算金额不可控，在奖品被刷后难以追回损失的奖品。

（3）建设可靠的中台服务，复用已经"千锤百炼"过的系统。

（4）有紧急停止服务机制，在极端情况下可以紧急停止服务。

（5）在通知中只是提示奖品信息有更新，不展示具体的数值，在跳转的详情页中展示详细信息。

以上几个建议能够保证有保底方案，在出现极端情况时，可以通过技术手段减少损失。

13.4　控制欲望

架构师不要仅从技术角度思考问题，还要从产品功能出发来设计架构。架构师设计系统架构最终是为了实现产品的功能，而不是为了炫技。所有设计和决策的最终目标是为了满足用户需求，不要本末倒置。

在设计系统架构的时候，要从实际需要的角度选择相应的技术和组件——选择成熟的组件，而不是最新的组件，也不要为了提高个人某种技能而选择某种技术。

13.5　献计献策

开发人员要具有产品思维，能够提前预判需求，做好对未来需求的准备。例如，把需求尽量抽象，对外部调用做好逻辑封装。通过修改配置和参数就能实现一个新功能，而不是每次都要重新写代码。

开发人员可以从工程的角度为产品提供新思路——产品经理和开发人员互相学习交流，才能够产出更好的产品。例如，开发人员研究如何能快速识别图片二维码的技术，产品经理想到将这种技术应用到加好友、互相转账的场景。如果开发人员研究不出这种技术，那么产品经理也很难想到相关的应用场景。开发人员的逻辑思考能力比较强，在设计产品规则方面能够考虑得全面，很多开发人员也是优秀的产品经理。

例如，对于一个问卷页面，如果是不懂技术的产品经理，那么可能每次做一个问卷，都会提出一个新的需求单。但通过技术可以让问卷页面做到自动配置，每次只要在页面拖动一些组件，就可以实现产品功能。此时开发人员可以把技术实现能力，以及相关信息提供给产品经理，给他们解释该功能的技术实现方案，这样产品经理也会有更多的时间去思考更"高级"的需求。

13.6　反哺方案

具备产品思维后，开发人员在实现业务需求的时候，也会从本质需求来思考最简单的解决方案，而不是找到一种方法后就用这一种方法实现需求。

1. 用户背后的真正需求是什么，解决问题的方法并不一定很难

例如，公司要开发一个考勤打卡系统，使用手机定位，对员工上下班打卡时间进行记录。原始的刷卡、指纹会造成早上大家排队打卡，降低了生产效率。使用手机打卡很方便，

但随之而来的问题是有些员工会忘记打卡。后面又要申诉,对考勤进行核对,又加大了人力成本。

有的产品经理建议写一个人脸识别的程序,通过公司大门的摄像头识别员工上下班的时间。但实际上实现难度很大,而且还要购买专业设备,如果是在海关或地铁,那么是可以投入大成本的。只是为了打卡记录考勤,投入就太大了。

最简单的办法是根据 Wi-Fi 连接的 MAC 地址来判定员工的上下班时间。这样只是增加了一个每天分析日志的功能,用一个脚本就能实现,难度比之前的方案小多了。

2. 是否是一个真正的需求,是否有所取舍

有一个需求是做一个内部客服 Web 系统。如果实现一些桌面端软件的操作功能,则需要使用比较新的前端库,不一定所有的浏览器都兼容该系统。所以先让客服把浏览器都升级为最新版就能保证系统是可用的。如果出现什么问题,那么让使用该系统的用户把浏览器升级到最新版,而不是通过技术开发来实现兼容全部浏览器的需求。

3. 对用户友好一点,给出好的提示

开发一个系统,出错弹窗是避免不了的。好的产品在出错后会给出正确的提示,并且有进一步自助解决的方式。例如,需要看什么文档,或者怎样提交日志,甚至不需要用户做什么思考就能把需要的信息提交给开发人员快速解决问题。

例如,用户已经提交过一次资料(成功了),如果第二次又提交了相同的资料,那么直接返回提交成功即可,不用返回失败。因为用户的目的已经达到,这时尽量不要打扰用户。

13.7　小结

产品思维是对架构师提出的一个进阶要求。架构技术不可能解决所有问题,这就要求我们在开发系统的过程中,能够站在产品服务用户的角度思考问题。许多问题可能通过技术解决很麻烦,或者有局限,但通过技术外的产品思维去思考,问题可能会迎刃而解。

具备产品思维是架构师能力提升的一个表现,也是架构师追求的一个目标,更是一种学习和总结能力的体现。

第四部分　善用工具

当我们设计一个系统的架构并实现时，一切工作都是从头开始吗？当然不是。不用重复造轮子，业内早已有很多成熟的工具供我们使用。善于运用已有的工具来快速提升软件质量，保证开发速度，也是架构师要具备的技能。

提到善用工具，最先想到的就是软件和库。得益于开源软件的发展，在互联网行业，有许多出色的软件和库函数供开发人员使用，而且大部分都是免费的。从基础层的开发语言、操作系统，到数据库、服务器框架等，都有很多组件供开发人员选择。

这些软件和库都具有专门的书和文档供开发人员学习，熟练掌握项目所使用的组件是一个架构师必备的能力。不仅要会使用，还要了解内部的原理，这就需要我们投入很多精力和时间。

除了开发使用的组件，还有一些工具容易被架构师忽视，日常关注也比较少。本章就着重介绍这两类"工具"：算法和流程。

算法在研发过程中容易被忽视，有两种原因：

（1）许多优秀的组件底层都把算法封装好供开发人员使用，直接写算法的场景比较少。

（2）在实现业务逻辑时，有时即使没有用到最优的实现方法，但由于数据规模或者业务特点，也会掩盖性能问题。

但是算法还是很重要的，在一些场景中，选用合适的算法，能够实现看似不可能的业务需求，也会提升程序的稳定性、易维护性。

流程看似和架构设计没什么关系，但软件开发是一个团体性工作，好的流程对工作实现效果的影响很大。流程能够协调团队的开发节奏，也能够规避很多风险。作为架构师不仅要自身能力强，还要把已有的知识结构转化为流程，整体协调团队的工作节奏。关于开发侧的流程的制定，架构师才是最权威和最具有经验的。特别是对于初创团队，行之有效的流程能够大大提升团队的开发水平。

第四部分的内容主要有以下章节。

第 14 章　算法

数据结构+算法=程序，足以见得算法对于程序的重要性。选择一个好的算法，对于系统设计来说也很重要。好的算法能够降低系统实现的复杂度，提升系统的性能，节约资源。在实际工程中，一些教科书中的算法要经过改良，才能适应工程的应用。

第 15 章　流程和文化

软件开发是一个团体性工作，协调团队整体高效工作，对于软件开发来说甚至比解决技术问题更重要，但这也是很多架构师的弱项。因为更多人会把注意力集中到解决软件技术问题上。通过本章的学习，我们可以建立一套完善的开发流程，让团队产出架构稳定、质量优良的软件。

第 14 章　算法

在网上经常看到有的软件工程师提出疑问："除了面试，算法在实际工程中有用吗？"答案是当然有用。

之所以会有这种问题，是因为在实际工程中，大多数需要使用算法的场景都被底层函数库和软件给封装了。例如，MySQL 索引用到了 B+ Tree 算法；Redis 的 zset 用到了跳表算法；在 Nginx 的设计中，也用到了很多算法，内存池用的链表，精确模式匹配用的 Hash 算法，模糊前缀匹配和模糊后缀匹配用的类似字典树算法；就连 Linux 命令行中的 grep 命令，也用到了很多动态规划和字符串匹配算法。大多数情况下只要调用封装好的接口就可以实现相应的功能。这也是当今软件行业能够飞速发展的基础。

另外，也不是每个开发场景都有已经封装好的组件，有时也要根据业务特点，在项目中加入经过"改装"和"裁剪"的算法，让软件整体实现的性能更高、效果更好。

合适的算法能够提升软件的性能，由于互联网服务都是分布式的，特别是大公司，服务器的规模很大，如果一个算法很好地提升了性能，并且被许多地方调用，累计节省的资源转换成资金，也是一笔不小的数目。

如果深入研究算法，那么我们思考问题的方式也会变化，思考问题会比较全面，不会遗漏一些细节。解决问题时会思考"复杂度"，第一时间评估解决问题的代价和数据规模。算法也是一种思维方式，能够指导开发和架构设计。例如在架构设计中包含了一些数据冗余的设计，防止重复计算，就是利用了"记忆搜索算法"用空间换时间的思想。

在工程层面，使用算法的场景和教科书里还有些差别。在工程中要根据项目使用场景的特点来选用合适的算法，必要时还要做一些改变。例如，在教科书中，实现链表或树的时候直接使用节点的指针作为存储寻址的单元。但在工程中，有时要做到进程重启后继续执行上次的操作，会把内存申请到共享内存上。由于每次重启地址都不同，所以要用相对地址来转换。另外，教科书中的开链 Hash 会在结尾挂一个链表，保证多少 Key 都能存储。但在工程中，有时对存储的量是有限制的，当发现量不够时再扩容。所以很多时候都是用定长数组来取代链表。

算法是开发人员的有力武器。作为架构师，不应该对算法只停留在会使用的层面，还要了解算法的原理，因为每个算法都是一种解决问题的方式。通过对算法的仔细研究，可以举一反三，触类旁通，当遇到类似的问题时，如果能找到适合的算法，并且根据业务特点进行修改，则会让架构复杂度大大降低。有时也能缩短开发周期，甚至实现一些看似不可能的业务特性。

本章会介绍笔者在工作中遇到的几个典型的算法。在一些已经认为没有需要优化的场景中，通过引入好的算法，能够提升项目的整体性能。

（1）**树状数组算法**——实现特定类型榜单的算法。

（2）**多阶 Hash 算法**——适应工程应用的内存存储算法。

（3）**利用线性同余的一致性 Hash 算法**——节约存储空间并且精简代码的路由算法。

（4）**随机算法**——认识随机算法的本质，避免因为不了解随机算法而掉入"陷阱"。

14.1 树状数组

14.1.1 问题场景

在互联网游戏业务中，为了提升玩家活跃度，通常都会制作游戏榜单，让用户能看到自己在游戏榜单中的名次。用户要看到的内容是：新的分数排行是多少名，相比之前的排名是上升了还是下降了，具体变化的数值是多少。例如，充值排行榜、游戏分排行榜、活跃度排行榜等。由于互联网用户基数大，有些平台参与排行的用户可以成千上万。排行榜最重要的就是时效性，让用户越早看到排行更新越好。

对于庞大的榜单，每次其中一个元素更新，整个榜单都要重新排序，即使用快速排序算法，对 CPU 运算资源的消耗都是巨大的，很容易造成软件卡顿。很多互联网业务都采用离线定时更新榜单的方案。例如，采集每天凌晨 4 点的切片数据，采用离线排序的方式更新数据，更新后展示最新的榜单。这种方案在程序性能和用户体验之间做了折中，既保证了每天更新数据，又不至于实时更新导致运算量太大。

有没有更好的解决方案，可以实时查看用户排行的变化呢？另外，一个有序的排行榜，只是一个用户的数据发生变化，就要所有数据重新排序，能做到部分排序吗？

对于这两个问题，可以利用一种高级的数据结构（树状数组），再结合排行榜算法来解决。

14.1.2　排行榜实现及优化方案

我们先梳理一下排行榜的通用实现方案，再针对具体的步骤进行优化。一个通用排行榜的实现方案步骤如下：

（1）已经有一个排好序的排行榜。

（2）当用户分数有更新时，保存用户老的排行榜名次和老的分数。

（3）更新用户新的分数，并更新排行榜，获取新排行名次。

（4）展示新老名次的差异。

难点就在于如何更新排行榜。最简单的想法是，更新排行榜中对应的分数，然后使用快速排序算法对数组再重新排序一次。快速排序的时间复杂度是 $O(n\log_2 n)$（为了方便，下面用 $\log n$ 代替 $\log_2 n$），如果有 1000 万人参与，那么每次就要进行上亿次的比较运算。如果每秒有一千个玩家修改分数，则要执行千亿次运算。这样对于排行榜系统的性能消耗是巨大的，做不到实时展示更新后的排行数据。

原先已经排好序的数组，只有一个元素的值发生了变化，其他元素的相对顺序是不用更改的。从这个角度来优化程序，能够快速实现排序优化。使用树状数组能够做到修改和查询的时间复杂度都是 $\log n$，那么对于 1000 万人参与的榜单，比较次数最多只需要 23 次，假设每秒最多有一千个玩家修改排名，总计只需要 23000 次比较操作。这种量级的计算，单进程都可以承受。而且树状数组底层是构建在数组之上的，数据结构简单，容易持久化，该数据结构能够方便地在共享内存中实现，当常驻进程重启后能够快速恢复。

下面介绍树状数组的原理，以及在排行榜业务中使用的方法。

14.1.3　树状数组实现排行榜

我们利用树状数组来实现排行榜功能，能够在 $O(\log n)$ 的复杂度下实现查询和修改功能。

下面先介绍树状数组的原理，再介绍如何利用树状数组来实现排行榜。由于涉及算法的讲解和排行榜应用的设计，本节的全部内容需要对照查看算法和应用两部分才能理解，建议先熟悉基本概念，再逐渐研究细节。

1. 树状数组的原理

树状数组（Binary Indexed Tree）又以其发明者名字命名为 Fenwick 树，可以在 $O(\log n)$ 时间内得到数组任意前缀和，并在 $O(\log n)$ 时间内支持动态修改单点的值，空间复杂度是 $O(n)$。

所有的正整数都可以表示为 2 的幂和——$N = \sum_{i=1}^{m} 2^{ki}$，正整数 N 用二进制表示时，从低位到高位排列，从 1 开始计数，ki 为该计数减一的值，m 表示 N 的二进制数的位数。

例如，$34 = 2^1 + 2^7$，$12 = 2^2 + 2^3$。

34 和 12 的二进制表示如下图所示。

km				ki		$k1$	
N	1	0	0	...	0	1	0	1

	8	7	6	5	4	3	2	1
34	1	0	0	0	0	0	1	0
12	0	0	0	0	1	1	0	0

我们设一个整数数组元素的个数为 N，数组名为 A，包含元素为 $A_j (1 \le j \le N)$。

对于一个整数 i，lowbit(i) 表示 i 的二进制数最后一个位置 1 所代表的整数值。例如，lowbit（12）= 4，lowbit（34）=2。

构造树状数组 $BIT_i = \sum_{j=i-\text{lowbit}(i)+1}^{i} A_j$，$BIT[i] = A[i - \text{lowbit}(i) + 1] + A[i - \text{lowbit}(i) + 2] + \cdots + A[i]$ 所表示的数学意义为，下标为 i 的树状数组元素为原数组 A[i] 往前 lowbit(i) 个元素的和（包括 A[i]）。

可以画一棵树来表示树状数组元素 BIT[i]，树中的父节点表示的区间和覆盖了子节点表示的区间和。

下图为 $i=8$ 时画出的树。

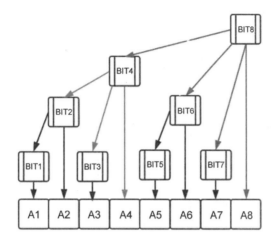

树状数组是在数组上建立的一种树状关系结构。

以上图为例，A 数组是原始存储数据的数组，有 8 个元素，BIT 数组是按照下标值进行 lowbit 运算得到的新子序列和的数组。

BIT1 = A1 （1 的二进制表示为 1，覆盖 lowbit(1)=1 个元素）

BIT2 = A1 + A2（2 的二进制表示为 10，覆盖 lowbit(2)=2 个元素）

BIT3 = A3（3 的二进制表示为 11，覆盖 lowbit(3)=1 个元素）

BIT4 = A1 + A2 + A3 + A4（4 的二进制表示为 100，覆盖 lowbit(4)=4 个元素）

BIT5 = A5（5 的二进制表示为 101，覆盖 lowbit(5)=1 个元素）

BIT6 = A5 + A6（6 的二进制表示为 110，覆盖 lowbit(6)=2 个元素）

BIT7 = A7（7 的二进制表示为 111，覆盖 lowbit(7)=1 个元素）

BIT8 = A1 + A2 + A3 + A4 + A5 + A6 + A7 + A8（8 的二进制表示为 1000，覆盖 lowbit(8)=8 个元素）

有了树状数组 BIT[i]，我们就可以实现求原数组 A[i]的前缀和，以及 A[i]中单个元素修改时快速更新 BIT[i]数组的功能。

（1）求原数组 A 的前缀和。

假设求原数组 A 的前 i 个元素的和 Sum[i]，整数区间[1,i]可以表示为[1, i-lowbit(i)]和

[1-lowbit(i), i]两个区间。

如果设$j=i$-lowbit(i)，$j \leqslant i$ 并且 Sum[0] = 0，则 Sum[i] = Sum[j] + BIT[i]；之后再逐步求解 Sum[j]，直到递推到 Sum[0] = 0，便计算出前缀和 Sum[i]。

（2）原数组某个元素 A[i]修改时，同步修改树状数组 BIT。

当某个元素 A[i]修改时，所有包含 A[i]的树状数组元素 BIT[j]都要进行相应的修改。

根据上面的树形结构，可以得出：

$$\text{BIT}_{i_{k+1}} = \text{BIT}_{i_k} + \text{lowbit}(i_k)，\text{其中}(i_0 = i, i_{k+1} \leqslant N)$$

2. 代码实现

根据前面的分析，可以用代码实现树状数组。可以用 $n\&(n\char`^(n-1))$ 求 lowbit($n$)，由于在 C++中用补码表示负数，所以 $n\&(n\char`^(n-1))$ 可以写为 $n\&(-n)$。函数封装的代码如下：

```
int lowbit(int x)
{
    return x & (-x);
}
```

求数组 A 的前 i 项和：

```
int sum(int i)//求前 i 项和
{
    int s=0;
    while(i>0)
    {
        s+=BIT[i];
        i-=lowbit(i);
    }
    return s;
}
```

修改原数组 A[i]的元素，增加 val 值：

```
void add(int i,int val)
{
    while(i<=n) //n 为数组的元素个数
    {
        BIT[i]+=val;
```

```
        i+=lowbit(i);
    }
    return ;
}
```

14.1.4 树状数组优化排行榜

如何使用树状数组来实现排行榜的需求呢? 要对分数和排行的表示值进行一些转化。

我们把要排行的分数划定一个区间范围,假设分数都是整数,最大值(MAX_SCORE)为 1000000 分,则原始数组 A[i]表示分数为 i 的值的用户数量,然后求出 BIT[i]数组。假设一个人的分数为 j,则排名为 BIT[MAXSCORE]-BIT[j-1]。BIT[MAXSCORE]表示分数为(0,MAX_SCORE]的人数,BIT[j-1]表示分数为(0,j-1]的人数,所以两者的差为分数大于或等于 j 的人数,也就是分数为 j 的人数的排名。

封装的排行榜代码如下:

```
const int MAX_SCORE = 1000000;
int BIT[MAX_SCORE + 1]={0};//初始时 (0, MAX_SCORE]范围内的每个获取分数的人的个数都是 0
while(true)
{
    int uid, newScore, oldScore;
    GetUserInfoReq(&uid, &newScore, &oldScore);//假设收到请求,获得 uid 用户的最新
                                               //分数为 newscore,上次更新的分数为
                                               //oldscore
    int oldRank = sum(MAX_SCORE)-sum(oldScore);//查询旧排名
    //更新为新排名
    add(oldScore, -1);//先将旧分数的人数减一
    add(newScore,  1);//再将新分数的人数加一
    int newRank = sum(MAX_SCORE)-sum(newScore);
    //返回用户新排名 newRank 和老排名 oldRank 供前端展示
    SetUserInfoRsp(uid, newScore, newRank, oldScore, oldRank);
}
```

可以把用户的分数数据存储在用户资料中,排行榜模块只存储树状数组用于排名。初始化时,可以遍历所有用户资料,获取每个用户的 score,然后调用 add(score, 1)完成全部数据的初始化。之后在每次分数有更新的时候调用上面的代码获取排名变化。

核心代码只有 30 多行,而且由于代码存储在数组（一块连续的内存）中,所以可以把树状数组放到共享内存中,这样即使进程重启,也能马上恢复服务。

使用树状数组有前提条件：

（1）不能存储分数为 0 的玩家的排名。

（2）分数都是整数。

（3）分数要有上限，最大值不能超过 MAX_SCORE。

虽然有三个前提条件（限制），但都能通过业务逻辑来满足条件。如果分数有小数部分，则可以乘以相应的倍数，将小数部分转换成整数。例如，充值 1.01 元，可以把单位转换成分，存储的值为 101 分。上限可以根据业务逻辑调整，即使正整数的最大值表示为 2^{32}，$Olog(n)$ 也只需要处理 32 次运算，远远小于 $O(n)$ 的处理次数。如果要突破限制，则需要在业务层面和实现逻辑上再做一些转换，一般都可以很好地解决问题。

对于排行榜需求，通过树状数组能够实现数据实时更新和排名实时变化。排行榜实时更新的瓶颈是单值修改、整体排序。树状数组能够做到单值修改、部分更新，解决了排行榜实时更新的瓶颈。

在实际开发中，遇到问题时要先梳理解决问题的步骤，找到瓶颈，针对瓶颈进行研究。对于高级数据结构要有所了解，在实际开发中，合理运用高级数据结构，达到简化开发、提升项目稳定性和效率的目的。同时在使用的过程中注意边界条件，在边界条件内实现产品特性让用户满意和降低程序实现复杂度的目的。

14.2　多阶 Hash 算法

在分布式系统中，经常用会到 K-V 存储，一般实现的方式有红黑树或 Hash 表，在 Redis 中还用到了跳表。这些实现方式都是通过一个确定的 Key 值来查找 Key 附带的 Value 属性。本节介绍一种高效的算法——多阶 Hash。

14.2.1　原理

多阶 Hash 的实现原理很简单，每个 Hash 桶数组算作一阶，如果有 20 阶的多阶 Hash，那么这个多阶 Hash 的底层实现就是一个二维数组，第一维是 Hash 桶的编号，第二维是每个 Hash 桶的每个槽的位置。在实际开发中，可以申请一块连续的内存，由一维数组构造出二维数组。内存构造如下图所示，对外表现为一个二位阶梯状数组的多阶 Hash 结构，底层是用一块连续的内存来实现的。

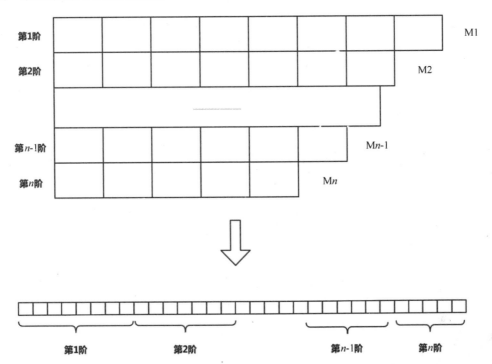

通常每阶的槽的个数都是质数并依次递减。由于互质的特性，通常情况下上面的阶数先被填满，然后逐步填下面的阶数。在实际使用中，内存使用率可以达到 90% 以上。

查找和修改的时间复杂度都是 $O(h)$，h 是阶数。

14.2.2　优点

1. 查找时间稳定

查找时间和阶数成正比，虽然不一定最高效，但查找次数是可控的。对比开链 Hash 处理冲突的方式，在极端情况下，开链 Hash 会退化成链表，在某些情况下查询耗时会不可控。

2. 实现简单

实现过程完全是数组操作，而且存储内容都是定长的。与树形数据结构相比，实现简单得多。

3. 方便序列化

由于多阶 Hash 底层存储使用的是连续的内存,能够通过内存迭代遍历全部元素,"dump"到外部文件,再通过"dump"得到的外部文件恢复数据。

4. 系统鲁棒

互联网业务大都是常驻进程,如果进程重启,则导致栈或堆中的内存销毁。可以通过共享内存来实现重启后恢复内存数据。由于多阶 Hash 的底层是数组结构,只需要知道起始位置和元素下标,就能够对内存元素进行操作。进程重启后重新挂载内存即可恢复操作,不需要重建索引。

14.2.3 缺点

1. 容量有限

由于阶数有限,最后一阶填满后,会导致 Key 值没有地方存储,不如链表的扩展性好。

在实际项目中,要做好容量管理和监控。当发现内存使用率超过 70%的时候,就要准备扩容,防止内存被写满。

2. 存储定长

存储的部分是二维数组的 Hash 桶的块,这是一块定长的内存。如果存储的数据是变长的,则需要把内存块定义为最大 Value 的长度,这样会造成内存浪费。常见的优化方法是在 Hash 块中存储一个索引,索引指向另外一块内存链表,变长数据被分别存储在多个内存链表中。

多阶 Hash 算法适用于读多写少的互联网业务场景,通常是一个进程负责写操作,多个进程负责读操作。多个进程提高了整体的读的并发量,弥补了每次查找都产生的由$O(h)$的复杂度造成的时间消耗,整体对外的读操作效率依然很高。

多阶 Hash 算法是一种在生产实践中总结出来的算法,从学术上看它并不完美,因为会出现元素存不下的情况,而且时间复杂度的常数系数比较大。但在互联网读多写少的业务场景中,读速度可控,容量管理能监控,元素存不下和时间复杂度常数大的这些问题都能够被解决。同时多阶 Hash 算法还具有容易实现、系统鲁棒、内存使用率高的优点,在实践中十分实用。

14.3　利用线性同余的一致性 Hash 算法

在分布式系统中进行路由分配时，一致性 Hash 算法有很大的优势。在实现负载均衡的时候，节点失效后可以把需要分担的流量平均分给其余的节点。但实现上要注意很多细节，加入虚节点也要消耗更多的存储空间来维护映射关系。

实际上如果利用好数学方法来优化一致性 Hash 算法，则可以降低代码量和数据量。

下面介绍的 jump consistent hash 就是一种比较新颖的算法，代码简短，内存消耗少。

14.3.1　算法内容

以下就是 jump consistent hash 算法的全部代码，输入参数分别是 64 位的 Key 和桶的数量（一般对应服务节点的数量），输出是一个桶的编号（从 0 开始）。

```
int32_t JumpConsistentHash(uint64_t key, int32_t num_buckets) {
    int64_t b = -1, j = 0;
    while (j < num_buckets) {
        b = j;
        key = key * 2862933555777941757ULL + 1;
        j = (b + 1) * (double(1LL << 31) / double((key >> 33) + 1));
    }
    return b;
}
```

该算法满足一致性 Hash 算法的要求：

- 平衡性，把对象均匀地分布在所有的桶中。
- 单调性，当桶的数量变化时，只需要把一些对象从旧桶移动到新桶即可，不需要做其他移动操作。

14.3.2　适用场景

该算法适用于分布式存储产品，而不太适用于缓存类型的产品。因为当有节点不可用时，jump consistent hash 算法用存活节点分担不可用节点的能力不强，当有节点失效要把数据迁移到其他节点时，会造成大量的数据被移动。但在分布式存储产品中，主节点不可用时会把访问主节点的请求路由到备节点，Key 的分布不会有变化。

该算法适合用在分布式系统中根据 Key 来选择被分配到的服务的场景。每次新增服务节点时，只有 1/n 的 Key 会变动，不会因为扩容或缩容的瞬间造成大部分缓存失效。

该算法也有局限，和其他的一致性 Hash 算法相比，如果中间的桶失效，则该算法是不能像其他一致性算法一样把失效的数据均匀分配到其他节点的，只能找一个新的节点替换。优点是不用存储过多节点信息，计算量小，运行快速，代码短，易于实现。

14.3.3 实现原理

利用线性同余计算的固定性（每次输入参数固定、输出就固定的特性）来表示序号和 Key 之间的映射关系，而不是用存储空间来保存序号的 Key 之间的映射关系。利用运算来减少存储空间。

由于优化了运算量，计算 Key 所在的位置，比用存储的方式来查找 Key 所在位置的速度更快，所以从时间和空间的角度分析，jump consistent hash 算法更优。

为什么上面的代码能够实现一致性 Hash 的功能（多加一个节点，节点数变为 n，只有 1/n 的 Key 会变动）呢？

我们先构造一个函数 ch(key, num_buckets)，表示有 num_buckets 个桶，一个 Key 值分配到的 bucket 编号为[0, num_buckets)。

因为只有一个桶，所以对于任意 Key 值为 k，有 ch(k,1)=0。为了让算法平衡，ch(k,2) 表示有一半的 Key 留在 0 号桶中，一半的 Key 移动到 1 号桶中。

总结的规律是，ch(k,n+1)和 ch(k,n)相比，n/(n+1)的 Key 是不动的，1/(n+1)的 Key 移动到第 n 号桶。

每次新增桶的个数时，计算每个 Key 的新位置，确定是否要移动到新的桶中。

通过随机数生成器来判定 Key 是否要移动到新的桶中，有 1/(n+1)的概率要移动 Key：

```
int ch(int key, int num_buckets) {
    random.seed(key);
    int b = 0; // This will track ch(key, j +1) .
    for (int j = 1; j < num_buckets; j ++) {
```

```
            if (random.next() < 1.0/(j+1)) b = j ;//random.next()产生[0,1)的随机数,
                                        //随机数序列只和 Key 有关, Key 为随机种子
    }
    return b;
}
```

这段代码是满足算法的平衡性和单调性的，算法复杂度是 $O(n)$。

满足了正确性，接下来优化代码的性能。

从以上算法的代码可以看出，大多数情况下 random.next() < 1.0/(j+1)是不被执行的。

对于一个 Key 来说，$ch(k,j+1)$ 的值很少会随着 j 增长而变化。当 $ch(k,j+1)!=ch(k,j)$ 时，$ch(k,j+1)=j$。

我们假设 $ch(k,j)$ 是一个随机变量，通过伪随机数来确定一个数值 b，当 j 增长到 b 时，$ch(k,b)!=ch(k,b-1)$，并且 $ch(k,j)=ch(k,b-1)$。

假设一个 key 的值为 k，b 为一个跳变的桶数量，则 $ch(k,b)!=ch(k,b+1)$，并且 $ch(k,b+1)=b$。

下面寻找下一个比 b 大的跳变的桶数量 j，则 $ch(k,j+1)!=ch(k,j)$，$ch(k,j)=b$，$ch(k,j+1)=j$。由于 $ch(k,b+1)=b$、$ch(k,j)=b$、$ch(k,j)=ch(k,b+1)$、$ch(k,j+1)=j$、$ch(k,b)!=ch(k,b+1)$、$ch(k,j+1)!=ch(k,j)$。

所以，已知 k、b 时，要找到 j，对于 $(b,j]$ 区间的变量 i，如果不发生跳变，则必须满足 $ch(k,i)=ch(k,b+1)$。

$j \geq i$ 的概率：

$P(j \geq i) = P(ch(k,i)=ch(k,b+1))$。

先举几个例子：

$P(ch(k,10)=ch(k,11))$ 的概率是 $10/11$，$P(ch(k,11)=ch(k,12))$ 的概率是 $11/12$。

所以 $P(ch(k,10)=ch(k,12))$ 的概率是 $P(ch(k,10) = ch(k,11)) \times P(ch(k,11) = ch(k,12)) = (10/11) \times (11/12) = 10/12$。

对于任意的 $n \geq m$，有 $P(ch(k,n)=ch(k,m))=m/n$。

所以对于上面的等式，有 $P(j \geq i) = P(ch(k,i)=ch(k,b+1))=(b+1)/i$。

假设一个随机数 r 在 $(0,1)$ 区间，由 k 和 j 确定。如果 $r \leq (b+1)/i$，那么 $P(j \geq i)=(b+1)/i$

为不跳变。产生随机数 r 后，就能确定 i 的最小值为 $(b+1)/r$。

因为 $r \leqslant (b+1)/i \Rightarrow i \leqslant (b+1)/r$，又因为 i 是整数，所以有 $r!=0$，$i=\text{floor}((b+1)/r)$。

代码可改写为：

```
int ch(int key, int num_buckets) {
    random.seed(key);
    int b = -1; // bucket number before the previous jump
    int j = 0; // bucket number before the current jump
    while (j < num_buckets) {
        b = j;
        r = random.next();
        j = floor((b + 1) / r);
    }
    return = b;
}
```

假设 r 的期望值为 0.5，时间复杂度为 $O(\log(N))$。这个算法通过产生的随机数来判定下一跳的 j，优化算法后要保证桶的数量增加到 $n+1$ 时，只有 $1/(n+1)$ 的数据移动。

我们再看

```
key = key * 2862933555777941757ULL + 1;
j = (b + 1) * (double(1LL << 31) / double((key >> 33) + 1));
```

和

```
r = random.next();
j = floor((b + 1) / r);
```

上述两段代码有什么关系呢？

利用线性同余算法产生一个 64 位的整数，然后把该整数映射为 $(0,1]$ 区间的小数。

$(key>>33)+1$ 是取 Key 值的高 31 位的值再加 1，取值范围为 $(1,2^{31}+1)$，$1LL<<31$ 的值为 2^{31}。

所以 $[(key>>33)+1]/1LL<<31$ 的取值范围是 $(0,1]$，如果 $(key>>33)=2^{31}$，那么计算的值会大于 1，由于是用 C 语言的整数运算实现计算的，所以计算结果大于 1 也会取整，忽略小数部分。

该算法的精髓：通过随机种子产生随机数，不用单独存储 Key 及其对应的桶的数量；

利用概率和随机数确定 Key 在 bucket_num 范围内落在桶中的序号。这样既减少了运算量，也易于实现，对于存储类路由非常适合，而且 Key 的分散性不依赖 Key 本身，只依赖随机数生成器，对 Key 的要求不高，不用做转换。

架构师对于业界的新算法要有敏锐的嗅觉，能够研究和理解新出现的技术，并且运用到项目中，有效提升已有架构的稳定性和性能。

14.4　随机数在互联网业务中的应用

在互联网业务中，使用随机数的场景很多，通常直接调用现成的函数库即可实现随机数的功能，但用好随机数还是有些难度的。本节介绍一些在互联网业务中使用随机数的方法。

在信息学中，随机数的定义如下：

- 随机性——不存在统计学偏差，是完全杂乱的数列；
- 不可预测性——不能通过过去的数列推测出下一个出现的数；
- 不可重现性——除非将数列本身保存下来，否则不能重现相同的数列。

随机数可能在统计上呈现某种规律。

在工程上，主要是用到了随机数的两个特性：

（1）不可预测性。

（2）均匀获取数字（在大量随机统计时，每个数出现次数的期望相同）。

在安全相关的场景中，用到的是随机数的不可预测性。例如，生成密钥、验证码等场景，让黑客不能找到生成的规律。

在抽奖、负载均衡等场景中，在统计随机数时，每个随机数出现次数的期望都很接近，结果是公平的。

14.4.1　随机数的生成方法

在计算机中生成随机数主要有两种方法：线性同余算法和硬件设备随机数生成器。

1. 线性同余算法

C 语言函数库中的 rand()函数使用的就是线性同余算法，类似的实现代码如下：

```
static unsigned long next = 1;
/* RAND_MAX assumed to be 32767 */
int myrand(void) {
    next = next * 1103515245 + 12345;
    return((unsigned)(next/65536) % 32768);
}
void mysrand(unsigned int seed) {
    next = seed;
}
```

注：以上只是为了简单描述 Glibc 库实现的方法，实际上 Glibc 的代码要更复杂。

利用 srand 函数设置初始随机种子，在每次需要随机数的时候调用 rand 生成随机数。

线性同余算法的特点是：只要种子相同，即使在两台不同的机器上，也能产生相同的随机序列。利用这个特性，我们可以在应用层做很多事。例如：

- 时间换空间——只要保存一个种子，就能通过计算得到一个随机数序列，可以利用这个随机数序列来实现同步数据的功能。
- 还原操作——在客户端根据随机序列构建地图，然后在服务端校验操作合法性，只需要同步种子，就能实现相同的场景。

线性同余算法计算速度快，实现简单，但是是**伪随机**——知道种子后能够预测随机数序列，而且随机数序列经过一段时间后会循环重复。

所以在安全性要求较高的场景中，不会使用线性同余算法。

2. 类 UNIX 系统的/dev/random

/dev/random 在类 UNIX 系统中是一个特殊的设备文件，可以用作随机数发生器或伪随机数发生器。Linux 内核允许程序访问来自设备驱动程序或其他来源的背景噪声。

发生器有一个容纳噪声数据的熵池，在读取时，/dev/random 设备会返回小于熵池噪声总数的随机字节。/dev/random 可生成高随机性的公钥或一次性密码本。

若熵池空了，那么对/dev/random 的读操作将被阻塞，直到收集到了足够的环境噪声为止。这样的设计使得/dev/random 是真正的随机数发生器，提供了最大可能的随机数据熵，建议在需要生成高强度的密钥时使用/dev/random。

为了解决阻塞的问题，UNIX 系统还提供了一个设备/dev/urandom，即非阻塞版本。它会重复使用熵池中的数据以产生伪随机数，输出的熵可能小于/dev/random 的熵。它可以作为生成较低强度密码的伪随机数生成器。

安全使用随机数是比较专业的场景，一般都使用特定的库或算法，直接调用即可，不要自己造算法。

14.4.2 误用随机数的场景

在日常开发过程中，笔者遇到过几种误用随机数的场景，下面讲解如何避免掉到这些"坑"里。

1. 多次设置随机种子

为了让每次程序启动时生成的随机数都是不同的，可以利用 srand()函数设置不同的随机种子。一般设置种子为当前时间或进程的进程号等，然后调用 rand()生成随机数。srand()只需要程序开始时调用一次，rand()是每次需要随机数的时候调用一次。

有的错误用法会在常驻进程中使用随机数的时候，把 srand 和 rand 同时调用，这样就起不到随机的效果，每一秒的随机数都是一样的，而且只获取线性同余算法生成的第一个随机数，也达不到产生的随机数要满足均匀性的要求。

```
srand(time(NULL));//正确的使用方式是只设置一次种子
while(true)
{
    //srand(time(NULL));//错误的使用方式，同一秒生成的 r 值都相同
    int r = rand();
    //使用随机数的逻辑
    //...

}
```

如果使用上面错误的方式，那么在一个常驻进程中，每秒生成的随机数都是相同的。假如这个随机数是用来给后端选择路由的，则会造成同一秒的流量都访问同一个节点，起不到负载均衡的作用。在大型互联网服务中，一秒的流量也是巨大的，可能会影响单一节点的服务质量。

2. 通过取模获取对应范围生成的随机数

假设一个随机函数 rand21() 每次生成的随机数范围是[0, 21)，那么如何生成范围为[0, 10)的随机数呢？

常见的错误实现方式是：

```
int rand10 = rand21() % 10;
```

虽然这种方式得到的数字结果是在[0, 10)之间的，但这种实现方式是错的，因为生成的[0,10)区间的数字不均匀，生成 0 这个数字的概率要超过其他 9 个数字的概率。

rand21 产生的[0, 10)、[10, 20)两个区间的数值的概率是相等的，这两个区间的数值运算取模 10 后，值对应[0,10)也是等概率的，但多出来[20, 21)这个区间，直接取模会产生不均匀的结果。

正确的做法应该是截断[20, 21)这段数值：

```
int r = 0;
int rand10 = 0;
while(true)
{
    r = rand21();
    if(r>=20)
        continue;
    else
        rand10 = r % 10;
}
```

上面的代码理论上会产生死循环，可能一直生成 20 这个随机数。在实际工程中可以增加一个上报的功能，发现某数值超过一定的次数时就主动跳出循环，返回失败或设置一个默认值，实际上出现这种情况的概率非常低。

从一个随机数范围发生器映射到另一个随机数范围发生器的过程中，不要简单地取模，否则可能造成结果不是随机的。

3. 一定要用随机数吗

有时使用随机数的目的是为了让结果更分散，这种场景下需要了解业务的目的，挑选适合的实现方式，让方案更简单。

例如，路由选择，只要保证节点分布是均匀的，是否可预测并不是必要条件，只要整体的统计分布是均匀的即可。通过使用计数器实现简单的轮询，也能够实现均匀分发。

```
//随机实现路由
//getRouteNodeId 是返回后端要路由到的节点的 ID，ID 的范围是[0, nodeCount)
//nodeCount 是后端节点的总数量
int getRouteNodeId(int nodeCount)
{
    return rand()%nodeCount;
}
//轮询实现
//getRouteNodeId 是返回后端要路由到的节点的 ID，ID 的范围是[0, nodeCount)
//nodeCount 是后端节点的总数量
int getRouteNodeId(int nodeCount)
{
    static int nextNodeId = 0;
    return (nextNodeId++)%nodeCount;
}
```

但在有些场景中，用随机数反而麻烦。

例如，每 100 万号码存储在一个服务中，对前 1000 万个号码进行发送 push 消息的操作。如果直接按顺序遍历这 1000 万个号码，则会对这 10 个存储服务造成查询压力，导致修改操作"冷热"不均。一种方式是每次从号码区间中随机选择一个号码处理，但要记录号码是否被选择过的状态，需要额外的存储空间。还有一种简单的方法是先按照号段轮询，再按照号码轮询，这种方式不需要额外的存储空间。

伪代码如下：

```
for(int i = 0; i < 1000000; ++i)
{
    for(int group = 0; group < 10; ++group)
    {
        int uid = group * 10000 + i;
        //下发消息逻辑
    }
}
```

本质上用到的是映射，产生均匀的结果，虽然随机数也能达到这个目的。

14.4.3　项目中用到随机数的场景

在项目中，用好随机数可以提升用户体验，还可以实现"用时间换空间"。

1. 提升用户体验

有时开发人员和用户理解的"随机"是不一样的,这时开发人员要适应用户的感观。

1)歌曲随机播放

在播放器中,随机播放是一种播放模式。如果简单地调用随机函数,则会出现用户接受不了的情况——下一首播放的歌曲和当前歌曲是一样的,也可能某几个歌曲会反复播放。

例如,有 A、B、C、D 四首歌,如果简单地调用随机函数,则可能出现 AABB、ABABABAB 的播放顺序。虽然在形式上实现了随机播放,但用户体验不佳。

播放器的"随机播放"实际上是一种打乱播放的意思,可以用 shuffle 洗牌算法(可以使用 Fisher-Yates shuffle 算法)把原本有序的序列变成无序无规则的序列,就像洗扑克牌一样。

以下为 Fisher-Yates shuffle 算法的伪代码,其中也用到了随机函数:

```
-- To shuffle an array a of n elements (indices 0..n-1):
for i from n-1 downto 1 do
    j ← random integer such that 0 ≤ j ≤ i
    exchange a[j] and a[i]-- To shuffle an array a of n elements (indices 0..n-1):
```

有时还需要考虑专辑、歌手、曲风等因素,可以多一些区分的维度,在每个维度上再增加一些随机算法。如果有些歌曲用户比较爱听,那么随机播放的权重也要高一点。

总之,歌曲的随机播放要根据用户对播放器的预期来干涉生成歌曲播放的序列,不能简单地直接使用随机算法来生成播放序列。

2)游戏抽奖

十连抽

在游戏中,为了激励玩家批量购买道具,会设置一个"十连抽必中稀有道具"的玩法,如果玩家一次性消耗 10 次中奖机会,则至少会抽中一次稀有道具。

由于已经承诺"必中",所以要干预连续 10 次抽中的情况,如果出现 10 次都没中大奖,则会给玩家赠送一个稀有道具。

对于十连抽的场景,要人工干预最后的奖励序列,不能一味地使用随机的结果。

普通抽奖

在一些国家或地区，会要求软件开发者给出中奖概率。当玩家知道中奖概率后，针对玩家的抽奖就不能完全用随机函数（得到的随机数小于概率值就中，不小于概率值就不中）的方法。因为这种方法会让玩家的体验不好，以为官方在作弊。

例如，抽中一个装备的概率是 10%。以普通玩家的想法，抽 10 次就会中一次，如果抽 20 次才中一次，那么玩家也能勉强接受。如果抽 100 次都不中，那么大多数玩家都接受不了，玩家会质疑游戏的公平性，甚至因为体验不好而删除游戏。另外，运气好的玩家可能抽 10 次就中了 5 次，消耗了过多的奖品。

在一些大 DAU（Daily Active User，日活跃用户数量）的游戏中，运气好的玩家和运气不好的玩家出现的概率还是挺高的。

假设运气不好的玩家的中奖概率是 10%，抽 100 次都不中的概率是 $(1-10\%)^{100}=2.656\times10^{-5}$，大概是万分之二。如果一天有 1 万个玩家抽了 100 次奖，那么平均有 2 个人是抽 100 次都抽不中。

假设运气好的玩家的中奖概率是 10%，抽 10 次中 5 次的概率是 $C(10,5)\times10\%^5\times90\%^5=0.0014880348$，中奖的概率是运气不好的玩家的 7、8 倍。

为了让玩家在感观上觉得中奖是随机且公平的，这里也采用洗牌算法，为每个玩家生成一个奖品等级的中奖序列，把序列打乱，每次根据奖品等级生成该等级的奖品发给玩家。

3）游戏武器的暴击

游戏中的武器装备也涉及概率，一把"屠龙刀"的暴击概率提升到 30% 时，玩家的感觉是在 10 刀里大概率有 3 刀会出现暴击，在 100 刀里要有 30 刀的暴击。

暴击和抽奖遇到的问题类似，都是玩家对概率的理解和程序员理解的不一致。因为按照独立事件的概率，可以连续 100 刀都不出现暴击，也可以连续 3、4 刀出现暴击。连续不出现暴击会伤害持有武器玩家的游戏体验，连续暴击则会伤害和持有武器对战玩家的游戏体验。

在游戏中出现暴击的不确定性增加了游戏的乐趣性。和抽奖不同，游戏过程中偶尔多一两次暴击，对于玩家来说也是可以接受的。

暴击可以参考暴雪公司的随机公式（PRD）：

$$P(N) = C \times N$$

$P(N)$ 表示在第 N 次攻击之后某个动作发生的概率，N 表示第 N 次修正概率后的攻击次数（最小值为 1），C 表示暴击发生的初始概率及每次攻击之后概率的增量。$P(N)$ 和 N 是一个简单的线性关系，当 N 足够多的时候，$P(N)$ 总会趋向于 1。

在编写程序时，先设置好 C，通过 C 来增加触发下一次效果的概率。C 会作为初始概率，比效果说明中的概率要低。当效果没有触发时，会不停地积累 N，让 $P(N)$ 逐渐增加接近 100%。一旦触发了效果，计数器 N 就会重置。

例如，一把武器有 25% 出现暴击的概率，如果把初始概率 C 设置为 8.5%，那么第一次攻击时实际上只有 8.5 的概率触发暴击，随后每一次失败的触发都会增加大约 8.5% 的概率触发暴击，于是到了第二次攻击时暴击触发的概率就变成 17%，第三次为 25.5%，以此类推。在一次暴击触发后，下一次暴击的触发概率又会重置到 8.5%，经过一段时间后，暴击出现的概率的平均值就会接近 25%。

采用 PRD 随机公式保证了在有限的次数内能够触发暴击，并且整体期望和独立事件的期望接近。

2. 时间换空间

1）游戏作弊校验

在一些消除类的游戏中，玩家在客户端（本地）进行游戏，游戏结束后上传分数给服务器，服务器会根据玩家的分数进行排序，并给予一定的奖励。为了让玩家有良好的游戏体验，在游戏过程中，所有操作都在本地进行。为了防止作弊，在玩家上传分数后会检测玩家是否作弊。

如何校验玩家在游戏中是否作弊呢？方法也比较简单，把游戏数据上传，在服务器中重放玩家操作，根据行为判断玩家是否作弊。这里有一个难点，游戏开始下发地图的时候，如果把游戏中所有的随机事件（例如，机关的摆放，NPC 的随机施法）都生成并下发到客户端，则会消耗很多流量，影响游戏的启动速度。

线性同余算法的不同机器相同种子可以产生相同序列的特性很好地实现了游戏作弊校验的需求。在游戏开始时，通过加密通道，把随机种子下发给客户端，客户端按照随机种子生成地图和操作。游戏结束后，客户端上传用户操作，服务器收到操作序列后，重新生成地图和地图上机关的操作，然后快速执行玩家操作，最终校验两种结果是否一致。只要种子和算法一致，就能保证同步数据一致，大大降低了带宽和同步全量数据的复杂度。

2）节约存储成本

在互联网早期的一些安全充值的场景中，为了验证充值卡的归属，用户在充值时，需要输入充值卡背面密保区域中的一些数字来校验卡片的归属。充值卡后面的密保区域（密保区域一般是一个 10×10 的数字矩阵）是被覆盖的，如果刮开则会影响销售。

最直接的设计方法是，可以给每个充值卡生成一个随机的包含 100 个数字的序列，然后每次针对用户的输入进行匹配。如果矩阵中的每个数字用 2 个字节存储，则 1 张卡要占用 200 个字节。如果发行了 1 亿张卡，那么就需要 20GB 的存储空间。

如果每张卡只存储一个种子值，当用户需要验证充值卡时，可以根据种子生成 100 个数字来校验，效果是一样的。假设一个种子占用 4 个字节，那么 1 亿张卡只需要 400MB 的存储空间就够了，这些卡的信息可以都加载到缓存中以加快速度。

利用随机种子实现空间换时间，本质上是通过存储少量数据生成大量数据，达到减少同步信息、降低存储量的效果。虽然现在带宽和存储的成本越来越低，但掌握了这种方法，在一些特殊场景中能够提供奇妙的解决方案。

随机算法在互联网中广泛应用，我们应该根据不同场景采用不同的使用方式。

在安全相关的专业算法领域，要使用已有的算法和工具，不要造轮子。例如，在 Linux 系统中要使用/dev/random 读取随机数。

在应用层使用伪随机函数（比如线性同余算法）快速生成随机数，满足大多数生成随机数的需求。

在游戏、歌曲等业务实现的领域，用户对随机的理解和数学概念上的随机不太一致，要区分用户是想让整体的随机数分布更均匀，还是想让结果充满随机性以增加乐趣。根据场景适时修改随机数的分布，而不是默认采用独立事件来生成随机数。

算法是固定的，在实现业务的时候，要从实际角度出发，选择最适合的实现方式来满足业务需求，做到活学活用。

14.5　小结

在架构设计中，算法所占的比重很小。架构是宏观的，是关于软件整体的设计；算法是微观的，是关于软件细节的设计。选择一个正确的算法，可以提高架构的整体性能，甚至影响系统的正确性。本章介绍的几个算法都是在工程中使用比较广泛的，它们都有一个共同的特点，那就是算法简单，可以解决实际问题，让最终的软件产品在正确性和性能方面都有最好的表现，是理论算法和工程实践的完美结合。通过这些算法，可以发现工程实践和理论研究的差别，在工程架构设计中，要对已有的理论进行扩展，尽量满足工程要求。

本章挑选的算法都是在工程中解决实际问题的精妙算法。希望读者通过学习这些算法，对设计项目、实际开发有所帮助。书中介绍的算法是有限的，主要是抛砖引玉，希望架构师在成长之路上，不忽略算法的作用，积极学习算法，掌握算法原理，定期学习业界先进论文，反哺到工程实践中，提升自身思考和解决问题的能力，同时提升项目的性能和稳定性。

第 15 章　流程和文化

15.1　流程

  一套完备的研发流程可以保证从需求阶段到运营阶段，项目的质量和进度都在控制之中，可以让团队按照既定的方式稳定产出软件，而不单纯依赖研发人员的能力来保证项目按时按质完成。

  研发的每个阶段都有相应的流程工具供研发人员选择。本章将按照研发的不同阶段来介绍相应流程的内容。

  每个阶段的典型流程如下图所示。

需求阶段	需求评审		
开发阶段	架构评审	分支管理	代码review
测试阶段	自测	压测	提测
发布阶段	预发布	线上发布	
运营阶段	事故处理	复盘	

15.1.1 需求阶段

一般在需求阶段都是产品经理负责写需求，程序员和架构师参与需求的评审，确定实现需求的可行性和代价。一个高效的团队要有一套需求管理的系统，该系统能够展示需求的状态，是"未评审""开发中"还是"已发布"等，并且记录整个需求的生命周期，通过该系统协同产品、设计、开发、测试等多个团队一起工作。

在评审需求时，产品经理要保证需求的完整性——开发人员和测试人员通过阅读需求单就可以进行后续的工作，而不是还要通过开会才能详细了解需求。产品经理要保证文档（需求单）尽量详细，内容无歧义。

目前可以选用的工具有腾讯的TAPD[1]，业内也有许多其他类似的敏捷开放平台产品。开发团队依托于敏捷开发管理系统，管理项目在生命周期内的流转，需求管理系统为多团队敏捷开发提供了基础工具平台。

作为架构师，在需求评审阶段要为产品经理提供决策所需要的必要信息，包括实现的可行性、难度，大致工期的数量级（数量级可以为周、月、季度等）。有时要了解产品经理的真正需求，在需求评审阶段交换意见，最终确定实现目标的最优方案。否则可能会因为实现难度大，或者交付系统后用户不认可，最终返工。

例如，开发一个打电话的系统，对于外地手机号码要加拨前缀。产品经理想提高工作效率，提出需求：在拨打电话的时候要自动加拨前缀。在实际开发中，判断归属地的准确性不是100%，如果只是单纯地自动加拨前缀，那么错误添加的前缀会导致电话拨打不成功，而且不能手动修改。所以开发人员给出的自动加拨前缀的方案是另外提供一个自定义的按钮，让外呼人员在系统自动判定出错的时候，可自己选择加拨前缀，不至于判断失误后没有正常使用的功能入口。

在该例子中，开发人员了解的技术知识要比产品人员多，对于方案的可行性评估会更准确，可以同产品经理一起完善需求，提升用户体验。

1　TAPD（Tencent Agile Product Development）的全名为腾讯敏捷产品研发平台，已在腾讯内部运营 12 年，并于 2017 年 5 月正式对外开放。

15.1.2 开发阶段

1. 架构评审

在开发阶段要进行架构评审，由具体开发人员和架构师设计系统的架构方案，然后同团队的资深工程师进行集体架构评审，主要是对架构的合理性和方案的优劣进行评审。

什么样的方案需要进行架构评审？通常开发的工作量超过三人天的方案，就可以进行架构评审。因为三人天是一个比较长的工期，对于长工期的工作，为了防止设计有偏差导致返工，花一些时间编写架构评审文档是值得的。如果是工期很短的方案修改，则可以不经过评审。

为了每次讨论的高效，也为了后面的人快速熟悉项目，架构评审需要按照一定的模板准备文档。

由于架构评审都很系统化，所以评审速度和准备速度都比较快，每个团队可以根据自己的情况制定模板。模板应该包括几部分内容：架构图，各个模块的调用关系，涉及的协议和通信方式，性能瓶颈和数据量的分析过程等。

团队可以制定一个架构模板，在每次架构评审的时候，负责架构设计的人员设计完架构方案后，把模板中的内容补充完整，防止遗漏。下面给出一个架构模板的示例。

设计架构模板

- 需求背景：描述开发系统要解决的技术问题，以及简要的产品需求。
- 系统限制：描述系统的边界，哪些功能是不支持的，哪些功能的实现是有限制的。
- 设计思路：开发系统的基本设计想法。
- 整体架构：包括对整体架构的描述，整体架构的架构图等，是内容最丰富的部分。
- 对外接口：与外部系统通信的协议内容，与内部系统通信的协议内容，通过接口描述通信内容。
- 数据结构和算法：清晰描述使用的数据结构、算法，以及具体使用的场景。
- 主要流程描述：画出系统设计流程图，一般按照协议的维度描述流程。对于一些关键步骤，比如存储写操作、同步操作，也要在流程的描述中有所体现。
- 数据库表设计：使用 MySQL 和 Redis 组件时需要设计数据库表，数据库表主要描述数据库的字段属性、主键字段、字符集、是否分库分表、建立索引等情况等。

- 性能分析：针对实现架构选择的具体方案，描述系统所需要的资源和性能瓶颈，为申请服务器和部署做准备。

2. 代码开发

如果团队采用 Git 进行开发，则可以使用 Gitflow 工作流程，保证团队开发井井有条、高效协作，防止因为合并代码分支导致线上漏发特性，或者增加日常沟通代码合并的成本。

关于 Gitflow 的具体用法，请参考其官网介绍，这里不再赘述。

当然，Git 只是一个工具，即使团队采用其他的工具，也可以参考 Gitflow 流程，或者指定一套符合实际情况的代码开发流程，保证多个开发人员多条线进行开发时代码不冲突。

3. 开发环境和运维环境分开

在开发过程中，针对不同的目标构建多种运行环境。

一般有开发环境、自测环境、测试环境、预发布环境和正式环境。

- 开发环境：开发工程师开发代码时使用的环境，主要用于本地调试。
- 自测环境：开发工程师自测时使用的环境，用来和上下游关联的系统联调时使用。可以长期部署稳定的代码，在提交到测试环境前，一直都会使用。
- 测试环境：测试人员测试时使用的环境，开发人员不会对该环境进行操作，当开发人员提交测试申请时，测试人员根据提测的代码分支，把代码部署到这个环境中进行测试。
- 预发布环境：在系统正式上线前，开发人员把要上线的代码发布到预发布环境，用于系统上线前的验证和测试。
- 正式环境：外部用户所访问的环境，代码发布时的最终环境。

之所以分这么多环境，就是为了让多个角色（开发人员及相关的上下游人员）不互相干扰。

如果只有单一环境，则可能因为开发人员要调试代码、测试人员要切换代码分支，导致出现很多让环境不稳定的问题。

多环境主要是为了避免因为不同开发角色使用同一环境而产生的冲突，使用物理机是一种有效的方法。如果仅仅是为了开发或测试就部署了一套物理机，平时的使用率较低，则比较浪费计算机资源。随着 Docker 容器的发展，采用虚拟化部署系统是一种更方便有效的方案。

4. 完善日志，设置告警百分比

在开发阶段就要把相应的日志、上报属性都添加好。

有些开发人员习惯在测试完逻辑没问题后添加日志和上报属性，这是不正确的。测试通过的代码就不要引入变更了，否则会导致测试代码和线上发布的代码不一致。在修改代码的过程中会引发 bug，导致白做测试的工作。

添加完日志和上报属性后，也要设置合理的告警，一般告警的属性值占全部属性上报量的 30%左右。要根据对业务的理解合理设置告警值。设置太少，会导致不能及时发现异常，设置太多，导致"狼来了"，运维人员对告警信息麻木。

设置告警值的几种场景如下：

- 出现异常，需要人为干预的场景；
- 超过正常请求量阈值的场景（发送的消息数量超过了日常数值）；
- 请求量降低到正常值以下的场景；
- 资源消耗超过合理阈值的场景（CPU、内存、磁盘、网络带宽）。

5. 代码 review

代码提交测试前要进行代码 review 的工作，代码经过"review"后才能提交测试。

"review"是工程师之间互相学习的好方法，可以站在另一个人的角度发现代码的问题，增强开发人员的代码质量。

如何做代码 review，业内已经有很成熟的方法，可以参考 Google 的实践文档。

15.1.3　测试阶段

代码完成后，代码功能的正确性要通过测试来验证。

在将代码发给专职的测试人员测试之前，开发人员还需要自己进行自测。

自测主要验证两方面：

- 逻辑正确性；

- 性能瓶颈。

逻辑正确性一般通过自动化测试和单元测试进行测试。测试所使用的工具有很多，适合团队的才是最好的。

衡量测试工具是否合适有两点：

- 测试用例是否方便执行；
- 测试执行是否快速。

一般单元测试用例都在代码库里，当提交代码的时候，会自动触发集成程序运行用例，保证用例启动，并且执行成功后会反馈测试结果。特别对于维护时间较长，需要不断重构的程序来说，每次重构后的测试尤为方便。代码提交时触发自测程序自动完成回归测试，保证开发的高效。同时降低了对测试人员的依赖，保证程序验证为全自动验证。

由于保留了测试用例，接手程序的新开发人员通过测试用例就可以了解程序的内部原理，这也是一种快速熟悉项目的方法。

还有一种自动测试的方法就是构建测试平台，测试平台以外部用户的角度进行黑盒测试。开发人员在提交代码后，触发测试平台进行自动化测试。测试时可以看到测试用例运行的效率和正确率。

除了验证逻辑正确性，在后台程序中，还要通过压测来验证程序的性能，找到程序的性能瓶颈。压测通常要模拟众多请求情况，一般是先调用 fork 函数，产生众多的进程（有时压测程序需要的计算机资源要大于被测试程序，否则压不垮被测试程序）。然后多个进程模拟不同用户的行为，发送请求包给部署好的程序。通过视图监控被测试程序运行的情况，验证结果是否和架构设计的预期一致。如果压测结果和预期不符，则要找到性能的瓶颈进行优化。压测相当于对程序进行一个小规模的模拟演习。

在自测阶段结束后，要修复发现的问题，确定程序没问题后再提交给测试人员。自测期间的性能问题通常是需要多关注的。

开发人员自测和测试人员测试的角度是不同的。测试人员的测试更多的是对程序的边界，以及是否符合产品需求来对程序进行验证。开发人员的自测关注程序的内部逻辑多一些，更多关注输入与输出是否符合预期。两种测试可以实现互补。如果在开发过程中，开发人员能够充分进行自测，则会减少很多测试人员测试时的 bug，提高整体开发效率。开发人员要保证交付的代码在提交测试前进行充分的自测。为了提高自测效率，开发人员需要利用单元测试工具和测试平台来积累测试用例，每次提交代码后都能自动验证已有的测试用例。

15.1.4　发布阶段

发布主要分为大版本发布和小特性发布。

大版本发布的是软件的一个新的版本，通常涉及很多功能的变更，或者是一个从 0 到 1 的新系统。产品经理、项目经理、开发人员、测试人员、设计人员等都要在上线前体验预发布环境，验证发布的版本是否符合预期。一般会有一个 Checklist，针对每个角色需要做的工作，由相应负责人按照模板检查后一一填写结果。最终确定没问题后，开发人员和运维人员再按照发布节奏发布软件。

这里的 Checklist 大多是一些例行事务的检查。以开发为例，包含以下内容：

- 确认发布时间：是否需要其他团队配合，是否在影响用户的时限内，对发布时长是否有要求；
- 确定发布顺序：确定发布的依赖关系，各个系统按时间发布的顺序；
- 检查需要的资源和权限：检查数据库是否申请建表、建立索引等，依赖的资源是否准备好，是否开通了相关权限；
- "review" 执行的脚本命令：临时执行的 SQL 语句、脚本命令等要进行 "review"；
- 检查依赖软件是否正常安装并配置正确：例如 Nginx 的配置是否正确，进程被 "杀死" 后拉起脚本是否生效等。

发布软件后，要根据特性的灰度策略控制发布节奏。而且在发布初期，多查看视图、日志，验证程序是否符合预期。

如果是小特性的发布，那么一般是为了增强系统提供的能力、修复 bug 等，可以直接创建特性分支。在小特性发布前，仅需要开发人员内部进行检查，然后发布即可。小特性发布相比大版本发布参与的角色会少很多，但对于开发侧，执行的方式，还有对待发布的认真程度是一样的。凡是对运营环境进行的变更操作，我们都要有敬畏之心，要保持谨慎的态度，以系统稳定为首要目标。

在项目开发完成后，还要补充线上的部署文档，对已有的部署情况进行介绍。

架构文档相当于代码中一个类的定义，说明这个项目是怎么实现的，有什么功能，具体的边界是什么。部署文档是这个类的实例，说明如何实施具体的部署方案。下面是一个项目部署文档的模板示例。

项目部署文档模板

- 业务背景：业务体验的入口，如何体验，体验哪些功能。
- 业务流程：模块的上下游关系，明确黑盒的功能和规格；业务都包括哪些模块、系统，概要地介绍相关功能，让非技术人员也能明白该业务的作用。
- 业务上下游模块的负责人：与项目部署相关的上下游负责人，例如上游调用接口的负责人。
- 实际部署架构图：包括服务器地域分布、机型、IP 地址等信息，以及网络拓扑结构。
- 申请权限：数据库、使用接口等权限。
- 监控视图地址。
- 部署机器的 IP 地址。
- 对环境是否有要求：如系统版本、机房位置、专线要求等。
- 项目代码路径。
- 其他：是否有隐含规则，以及运维需要注意的事项。

当架构重构或者部署更新的时候，要及时更新文档，保证文档是最新的版本。

拥有完善的文档，既便于新人熟悉业务，也便于架构师对架构方案进行点评。

15.1.5　运营阶段

项目的运营阶段也是一个程序生命周期涉及较多的阶段。在这段时间内，工程师要多关注运营数据、程序上报日志和告警，针对运营环境的变化对程序部署进行处理。

在运营阶段，有时会因为一些变更，或者外部原因导致程序触发 bug，运行的程序产生异常，对用户造成影响，形成事故。

处理事故时要注意以下两点：

- 及时将事故同步给 Leader 和相关人；
- 尽快恢复业务。

在业务恢复后，再查找事故具体原因，对程序进行修复和加固。针对事故的原因和问题进行复盘，寻求解决方案。可以按照事故报告模板进行书写和跟进。

书写事故报告是为了积累经验，从事故中学习事故的处理方法，而不是为了处罚，要以正确的心态来对待事故报告。

为了更好地复盘事故，事故报告主要包含以下内容：

- 事故的具体描述：因为什么问题导致了事故。
- 处理过程：按照时间顺序，记录事故发生过程中重大事件处理的时间点，为后面复盘获得客观描述。
- 事故影响：详细记录事故影响的时间、请求量、人数等。
- 问题分析：分析问题产生的原因，以及如何规避。
- 改进措施：按照 SMART 原则改进措施，修复系统存在的不足。

注：SMART 原则是目标管理中的一种方法。SMART 原则中的 S、M、A、R、T 五个字母分别对应了五个英文单词：Specific（明确）、Measurable（可衡量）、Achievable（可达成）、Relevant（相关）和 Time-bound（有时限）。

15.1.6　管理机制

在开发团队中，为了保持项目稳定，还可以制定一些管理机制，目标是为了保证项目质量。

1. 值班机制

在互联网行业，一般在节假日期间，用户的访问量会突增。但这个时候往往也是开发人员最少的时候，在节假日时，开发人员要保持手机畅通，能够通过 VPN 处理紧急事故。同时要有人在节假日期间值班，观察服务是否正常，快速处理隐患。上报要尽量完善，在节假日前一周进行封网操作，除特殊原因外尽量不对线上环境进行变更，降低出现事故的概率。同时添加详细完整的上报，能够监控主要逻辑，当出现问题时实现快速告警。对于一些已有的预防措施操作，要做好管理后台，通过手机或网页操作，一键完成流程化任务。例如一键扩容、一键操作流量等，实现在非工作日也能快速处理紧急操作的目标。平时对这些操作进行充分的演习，并且有有效的预案，在出现问题时可以快速解决问题。

2. 项目交接

互联网业务发展比较快，行业人员变动也比较大。项目有时要进行交接，由于开发频率很快，所以文档即使完善，也达不到传统软件文档的完备程度。

一个成熟的团队要有一套完备的项目交接流程。

最基本的要求是要让接手人熟悉项目架构文档和项目部署文档，了解项目设计原理和实际部署情况。

15.2　文化

在技术团队中，有些文化是通用的，这些文化可以发挥团队的潜力，提升工作效率。

1. 工具文化

如果一个操作，你已经手工做过三次了，那么要尽快用工具来实现这个操作。例如，用单元测试工具进行测试；用脚本提取数据；用脚本实现报表。

对于反复重复的工作，都要思考是否能将其做成服务化的模块，或者变成自动的。对于一个程序工程师，要把有规律的事情通过计算机自动处理，这是工程师的强项。

例如，测试过程中总要进行配置 Host 的操作，每次都要复制粘贴配置信息，还容易出错，能不能直接在用户页面对配置信息进行选择呢？

这里也包含了一些产品思维。如果处处都能这样想，那么我们离成为一个出色的产品经理也越来越近，也会慢慢地设计出更多好用的产品。

2. 学习分享

互联网技术更新速度快，我们要持续学习，才不至于落后。对新技术要有敏锐的嗅觉，多接触外界的新技术、新想法，多做 Demo 进行测试，然后试验项目，最终达到大规模应用的目的，最好还能输出方法论。

3. 就事论事

在开发过程中，对于技术方案，团队成员之间的理解不一定一致，这种情况下要直言不讳，针对需求或方案提出自己的观点，其他人的反对观点也要直接说出来，就事论事，站在技术的角度去讨论需求或方案。这样才能发现问题，团队的技术能力才能提高。

15.3　小结

作为一个架构师，要完善项目组的流程，努力把项目组的氛围朝积极的方向发展。

每个团队的具体情况不同，可以选用适合自身的流程实现工具或方案，但基本的原则是一致的，那就是通过流程来保证项目按照计划实施，通过流程保证项目按时实现预期质量。积极的文化可以激发团队的潜力，让团队能够适应新技术的发展，最终持续产出高质量的软件。

第五部分　案例剖析

本部分通过以下几个案例来深入理解架构设计的技术方法和意识，运用已有的知识来实现实际的软件架构设计。

1. 统计用户在线时长

这个案例是讲解如何在已有的架构基础上实现新功能，如何利用已有的数据和设计巧妙的算法高效地实现新功能。

2. 抽奖活动

这个案例是讲解如何设计一个抽奖活动，除了要注重正确的实现逻辑，在抽奖系统中，还要注意幂等、预算等防御逻辑的设计，防止由于设计遗漏造成损失。

3. 短网址服务

这个案例是讲解如何从头设计一个短网址服务。不同场景有不同的设计方案，从简单的企业内部使用的场景，到大型互联网业务、大量用户使用的场景，设计方案和使用的组件都是不同的。而且针对未来的扩展性、可维护性，也要有不同的设计方案。

第 16 章　架构案例剖析

16.1　小型案例——统计用户在线时长

16.1.1　需求描述

一款在线游戏，玩家登录后可以选择挂机或游戏两种状态。

- 挂机状态：玩家不操控游戏，游戏由系统托管。
- 游戏状态：玩家主动操作游戏。

玩家刚登录时直接进入游戏状态，玩家的游戏状态如下图所示。

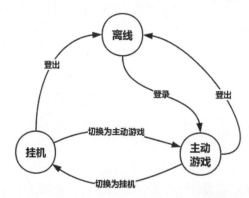

需要实现的需求如下：

- 在玩家的游戏面板上展示自上线后挂机的累计时长和游戏的累计时长。此功能仅作为展示使用，目的是让玩家对挂机时间和主动游戏时间有一个概念，合理分配不同状态的时间。
- 允许统计时间有一分钟内的时延。
- 服务器端支持显示功能，计算好两个时长数据，供客户端展示。

16.1.2 项目背景

该游戏的服务器端已经有两个存储了玩家相关数据的数据库表。

玩家状态表：存储玩家的当前状态，是挂机还是游戏状态。

该表用于实现游戏逻辑，一些逻辑模块会读写该表的数据来实现游戏逻辑。

该表包含的字段：

● 玩家当前状态；

● 玩家标识 id。

玩家状态表的数据内容如下图所示。

玩家状态表	
玩家标识id	玩家当前状态
123	主动游戏
456	离线
789	挂机

玩家状态流水表：每次玩家状态切换就存储一条日志，记录状态切换发生的时间、切换前的状态和切换后的状态。

该表仅用于记录日志，线上系统不使用该表的数据，该表一般用于查询问题，或者离线统计玩家数据。

该表包含的字段：

● 玩家标识 id；

● 玩家切换前状态；

● 玩家切换后状态；

● 状态切换时刻。

玩家状态流水表的数据内容如下图所示。

玩家状态流水表			
玩家标识id	切换前状态	切换后状态	切换状态时刻
123	离线	主动游戏	8:00:00
123	主动游戏	挂机	8:01:00
123	挂机	离线	8:02:00
456	主动游戏	离线	8:00:00
789	主动游戏	挂机	8:00:00

16.1.3 需求分析

该需求并不会影响游戏的主要逻辑，是一个分支逻辑的需求，在开发的时候允许有时延。相对来说，保证游戏逻辑稳定实现最重要。统计时长的可用性的优先级更低一些。在设计需求的时候，要尽量规避对线上已有游戏逻辑的影响，更多的是加一个不影响游戏主干逻辑的分支逻辑。而且要控制好优先级，当出现问题时可以降低该模块的优先级。

归纳需求分析后得出的初步结论：

- 该需求是分支逻辑，不要影响游戏的主干逻辑；
- 可以利用一分钟时延来降低计算频率；
- 该功能点的优先级低，在异常情况下，可以做柔性处理。

16.1.4 实现方案

1. 方案一：服务器轮询计算时长

客户端每分钟访问一次服务器，问询用户的挂机时长和主动游戏时长。服务器收到请求后，查询玩家状态流水表，获取用户从登录到当前时间的全部流水数据。然后根据每次状态的持续时间计算出累计时长并返回给前端。

这种方法实现起来最直观，在数据量小的时候能满足用户需求。如果用户数据很多，或者表中有很多用户信息的时候，那么从流水表搜索出的内容就会很多，查询一个用户所用的时间就会变长。

服务器轮询计算时长的架构和逻辑如下图所示。

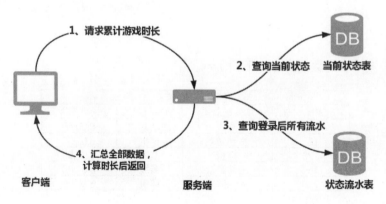

2. 方案二：优化计算时长算法

方案一虽然直观，但有很多重复操作，每次查询时都要对从前的所有记录进行计算，很多已经计算过的时长并不需要重新计算。

为了不重复计算，可以用空间换时间，把已经计算的结果保存到新建的表中。建立一个新的表，叫作统计时长表。

该表包含的字段如下图所示。

统计时长表				
玩家标识id	累计主动游戏时长	累计挂机时长	最近一次切换到的状态	最近一次切换状态时刻
123	10分钟	5分钟	主动游戏	8:05:00
456	1分钟	3分钟	挂机	8:01:00
789	0分钟	0分钟	离线	8:00:00

当有请求过来时，服务器查询统计时长表，然后根据最近一次状态和当前时间把上次状态切换时刻到当前时刻的累计时间加到结果中，最后返回给前端。

当用户状态有变化时，可以在不影响主流程的情况下，同步一份数据给统计时长表。

优化计算时长算法的架构和逻辑如下图所示。

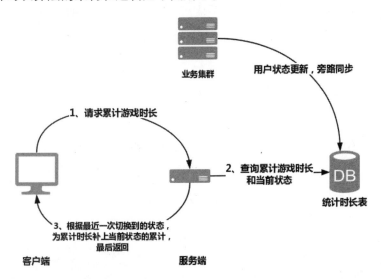

每次前端请求计算时长的伪代码如下：

```
//获取当前累计的时长 time_play（主动游戏时长）、time_off（挂机时长）和最近一次切换的
//状态 latest_status，以及最近一次切换到 latest_status 的时刻 timestamp_switch
```

```
//time_now 表示当前时刻
if(latest_status == 主动游戏)
    time_play += time_now - timestamp_switch;
if(latest_status == 挂机)
    time_off += time_now - timestamp_switch;
```

3. 方案三：客户端本地实现

如果需求的前提是仅在客户端展示，那么该需求可以不用服务器参与，只要客户端本地计算结果并展示即可。

客户端侧的计算逻辑和方案二类似。

用户上线后，客户端本地保存两个变量：存储挂机时长和主动游戏时长。当用户操作客户端状态切换时，客户端把该状态累计的时间增加到对应的变量上，然后更新当前状态即可。

方案三的处理逻辑如下图所示。

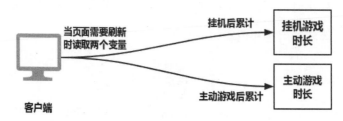

该方案有一个前提条件：客户端使用的时间不被用户终端影响，否则用户调整终端时间会影响展示结果。

因为客户端不能信任用户的本地时间，所以需要在客户端和服务器之间实现时间的校对功能，同步服务器时间对大多数客户端来说是一个基础功能。

所以，方案三也是可行的。从工作量、实现代价等方面综合考虑，方案三是当前的最优方案。

16.1.5 案例总结

通过对比以上三个方案，可以发现最直观的方案并不一定是最优的——要思考是否有更好的算法来抽象模型，让整体开发更简单。方案二经过了算法优化，要优于方案一。

作为后端架构师，并不一定要通过后端的实现方案来解决问题，而要从目标入手来实现需求，达到整体最优即可。所以，综合考虑该需求的解决方案，方案三不需要在服务端做任何修改，只要修改客户端即可实现功能，规避了分布式要处理的通用问题。

该需求还可以发散一下，如果要分析该需求中的数据，那么应该选择哪个方案呢？

从需求的目标出发，如果要分析数据，则要和生产环境隔离，把数据离线同步给数据分析模块进行离线运算即可。由于只计算一次，所以用方案一、方案二的算法均可，前提是在数据分析系统中单独运算数据。

16.2　中型案例——抽奖活动

16.2.1　需求描述

实现一个大转盘抽奖活动，用户有三次抽奖机会，每次抽奖后给用户返回中奖结果。中奖概率和奖品在活动前由产品经理给出：

- 一等奖——中奖概率为 1%，1000 元红包；
- 二等奖——中奖概率为 5%，100 元红包；
- 三等奖——中奖概率为 10%，10 元红包；
- 其余为没有中奖。

用户通过具体页面可以看到中奖记录，具体交互及前端表现略。

16.2.2　需求分析

首先查看该需求的合理性。

我们发现中奖概率的格式是有问题的，只有中奖概率和奖品，没有奖品数量。没有奖品数量就是对预算没有控制，如果中奖数量超过预算就会造成损失，所以在需求中要补充奖品数量和活动总预算。

然后查看该需求是否有更深层次的扩展。

直接实现该需求是比较简单的——对用户的抽奖次数做校验，然后在每次抽奖的时候利用随机数查看用户是否在中奖区间来确定抽奖结果……

但是，作为架构师，要对需求有预判。对于产品的日常运营来说，活动是常规需求，每个月都有形形色色的活动。例如，大转盘抽奖、九宫格抽奖、开箱子抽奖等。这些抽奖类活动具有不同的前端表现、中奖概率和获取抽奖资格的途径，但底层的抽奖逻辑是有共性的，我们可以把共性抽象出来，把抽奖部分做成通用的系统，供上层逻辑层调用。如果能实现该系统，那么有很多好处：

- 提升效率——抽奖部分只需要修改配置文件即可实现，实现需求时只需要重点关注表现层即可；
- 提升稳定性——核心抽奖逻辑固定，经过严格测试和多个项目验证，每次活动都是复用代码，并不修改代码，减少了由于程序 bug 导致发送奖品出错而造成的经济损失。

本需求将从制作通用抽奖活动系统来进行方案设计。

16.2.3　实现方案

本节重点讨论通用抽奖模块的实现方案。

1. 实现功能分析

通用抽奖系统的核心是实现抽奖，我们可以从外部交互和内部逻辑两方面进行分析。

1）外部交互

- 增加用户抽奖次数的功能；
- 获取抽奖记录的功能；
- 执行抽奖操作，返回结果的功能。

2）内部逻辑

内部逻辑的作用是支撑外部交互服务，针对上面三个功能，内部逻辑主要有：

- 修改用户抽奖次数的功能；
- 配置奖品库存和中奖概率等属性的功能；

- 处理用户抽奖逻辑的功能；
- 针对系统的稳定性和逻辑的严谨性的功能。

整体项目模块结构如下图所示。

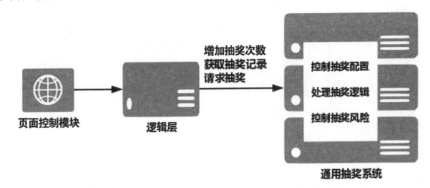

- 具体的业务逻辑在逻辑层实现，活动的表现在页面层实现，抽奖系统只负责抽奖部分的逻辑实现。
- 逻辑层通过增加抽奖资格、获取抽奖记录、请求抽奖三个接口与抽奖系统通信。
- 抽奖系统负责控制抽奖配置、处理抽奖逻辑和控制抽奖风险。

我们的方案讨论集中在抽奖系统这部分。

2. 对外交互设计

通过上面的分析，我们对外暴露三个接口，三个接口的设计如下。

由于系统是一个通用抽奖系统，会同时服务多个活动。对于每个活动，我们可以用活动 ID 来区分。活动 ID 是一个通用的字段，所以在下面的设计中，默认都带有活动 ID，不再单独标明。

1）增加抽奖资格

增加抽奖资格是针对一个具体用户的，我们只需要外部传递过来用户的 UID 即可。

由于修改接口涉及用户数据，比较敏感，所以要有鉴权操作。只有该活动对应的逻辑服务才有权限给用户增加抽奖次数。另外，还要在内部做一些控制，监控增加的抽奖次数，不要超过配置文件中设置的增加抽奖资格的上限。

所以，针对请求，我们只需返回增加的结果即可。如果成功，则返回增加的次数；如果失败，则返回失败的原因。

要区分失败的错误码，识别是系统内部错误还是增加次数达到上限的业务错误。

2）获取抽奖记录

该功能只涉及读操作，拉取用户抽奖的历史记录。这里需要考虑分页查询，因为是通用抽奖系统，所以不同活动的抽奖次数不一定，有些活动的抽奖次数会很多。做成分页查询，前端可以根据展示需求按需拉取抽奖记录。

3）执行抽奖操作

此功能对外部调用的业务来说，交互比较简单，只需要传入 UID、给出抽奖结果即可。

返回结果的状态码部分要设计得通用一些，能够区分不同的情况。

成功：需要返回用户的中奖信息，中奖信息包括奖品名字、奖品数量等奖品属性。返回中奖信息的协议要满足可扩展性，后续增加新属性时能直接扩展。但有一个特殊情况，未中奖是失败，还是另一种"成功"呢？

未中奖作为一种特殊的"奖品"，是一种不错的实现方式。因为没有中奖也是一种正常逻辑。未中奖和中其他奖品采用相同的返回格式，能够实现逻辑通用。这种方案需要调用方针对未中奖进行特殊处理。

失败：在失败的时候，要区分是系统失败还是业务失败。系统失败是后端系统的原因，在此不再赘述，后端考虑好柔性即可。由于这个业务的特点，还有很多业务侧相关的逻辑。例如：活动是有时效性的，可能是活动过期了；用户没有抽奖资格却来抽奖；当前奖品库存已空……

4）内部逻辑设计

外部交互的接口都比较简单，因为很多逻辑都收归到内部实现，内部逻辑是实现抽奖系统的核心。

（1）数据结构。

该系统主要对奖品和用户进行处理和控制。

奖品部分

奖品部分的主要信息包括奖品名称、奖品总数量、已经抽取数量和中奖概率权重。

奖品名称：奖品名称作为一个附属信息，抽奖系统并不关心，抽奖系统只关心哪个奖品是一等奖、哪个奖品是二等奖，只需要用名字区分奖品即可。

奖品总数量和已经抽取数量：用来判定奖品是否还有库存可供抽奖。

为什么不用一个字段表示奖品剩余数量呢？

主要是为了防止修改奖品数量时，对系统造成影响。如果只用一个字段表示剩余奖品数量，则该字段会有两个写的源头：抽奖系统内部管理后台增减库存时的操作和用户侧抽奖减库存的操作，两部分逻辑要避免读写冲突。为了简化加锁操作，把一个字段分为两部分：管理后台只关心奖品总数量，用户侧关心已经抽取数量，做到每个系统写自己负责的字段，系统内部保证不发生读写冲突即可。

中奖概率权重：中奖概率字段并不直接写为百分之几，如果要采用这种方案，则要保证所有的概率加起来是百分之百。如果单独修改一个奖品的比例，则导致整体的概率字段都要修改，十分麻烦。

更好一点的方式是填写权重，根据每个奖品在总权重中占用的百分比来确定中奖概率。

另外，在配置的时候，要有一个奖品的名字叫"未中奖"，表示没有中奖，可以把这个奖品的数值设置成无限个。

用户部分

用户部分有两部分数据：用户抽奖属性数据和用户抽奖记录数据。

用户抽奖属性数据：主要包括用户已经抽取的次数、用户一共有多少抽取次数和用户抽奖相关的数据。一个用户在一个活动中仅有一条数据。

用户抽奖记录数据：用户抽奖记录的流水，用户在什么时候参与抽奖并获得什么奖品。通过流水能够展示用户中奖记录，而且为后续发奖提供依据。

（2）逻辑实现。

逻辑实现除了实现常规的增删改查、修改用户数据，更多的是要考虑针对抽奖场景，如何保障系统的安全性，以及用户体验的柔性。

风险控制

要控制抽奖次数的上限：由于给外部暴露了增加抽奖次数的接口，为了防止外部无限制地调用接口，要增加一个控制抽奖次数上限的功能。

奖品要有库存概念：如果奖品已经发光了，就把奖品的权重调为 0，或者返回默认的奖品（大多数情况下是未中奖）作为保底方案。

奖品要有价值预算：出于成本的考虑，要先对奖品进行价值预算，然后根据预算的价值确定发送奖品的数量。当更新数据库中的库存数和确定给用户发放奖品的时候，要比对当前发放的总价值或配置的总价值是否超过了预算。一般是先设置预警值，否则真的超过预算的时候就来不及处理了。

幂等

在实现业务逻辑的时候，需要考虑很多细节。例如，分布式系统通过网络处理请求，有时会造成重复的请求命令，或者读写冲突，要通过幂等的方式来避免这些问题。

①设定抽奖和减少抽奖次数的时机。

在逻辑上，处理抽奖、扣减抽奖次数和增加奖品应该是原子操作。但实际上，用户的抽奖信息和中奖记录保存在两个表中，如果不用数据库的事务操作，那么如何实现原子操作呢？应该先扣减抽奖次数，再调用抽奖逻辑更新奖品状态。

如果先扣减抽奖次数成功，但调用抽奖逻辑更新奖品状态时失败，则会多扣减用户的抽奖次数而没发奖品。此时，我们可以通过对账或用户反馈人工给用户把抽奖次数加回来。

如果先抽奖品，再扣减抽奖次数，则在扣减抽奖次数失败的时候会造成用户无限抽奖，此时如果有恶意刷奖行为，则会造成经济损失。

所以相比之下，要先扣减用户抽奖次数，再抽奖。

②中奖记录要有订单 ID，防止因为程序重试导致写多条中奖记录。

有些场景下会记录多条中奖记录，导致多发奖品。例如，业务逻辑侧在写中奖记录超时后进行重试。如果在数据库层面对中奖记录数据条数不加约束，则会出现两条中奖记录，导致给用户多发奖品。一般通过设置中奖记录 ID 来防止写重复。

针对这个系统，可以设置中奖订单 ID 的内容：

{UID}-{活动 ID}-{第多少次抽奖中奖}

通过活动 ID 和 UID 可以唯一确定一个人在一次活动中的记录："第多少次抽奖中奖"可以保证一次抽奖只产生一条记录。

③在发奖环节保证不多发奖品。

发奖时根据用户中奖记录进行奖品的发放。每次发奖品的时候，都用订单 ID 来唯一确定一条用户中奖记录的日志，防止一条记录发多次。同时增加发奖状态字段，这是一个支持乐观锁的字段，保证只有一个进程能得到处理发奖逻辑的机会。

发奖状态字段有三个状态：未处理（默认）、发放中和已发送。

三个状态依次改变，除此之外，不能随意调整状态：未处理转换成发放中，发放中转换成已发送。

当有进程处理一条未处理的发奖记录时，先将未处理状态的记录改为发放中，然后发奖，发奖结束后，将发放中的记录改为已发送。

当有两个进程同时处理同一条未发放的数据时，A 进程将状态改为发放中，则 B 进程的修改会失败，最终不会多发奖品。而且，如果 A 进程在发奖过程中出现问题，则会让该次中奖记录一直处于发放中，此时如果 A 进程退出，则该记录会一直保持发放中的状态，需要定期查看是否有处于发放中不变化的状态，人工审查并在修改后给用户发放奖品。

以上乐观锁设置可以通过数据库"update"时的 where 条件控制。

④在发奖环节增加审查逻辑。

为了保证对发奖结果进行审查，在发奖前，需要把提取的名单打印出来进行审查。这里要保证提取名单的代码逻辑和真实发放的代码逻辑是相同的。如果不同，万一发奖部分的提取逻辑有 bug，则会造成发放名单和实际不匹配。这里有个简单的办法，打印名单逻辑只是在最后发放的时候不进行写操作，跳过真实发放逻辑，便能保证发放逻辑和打印名单是同构程序。

5）柔性

对于抽奖环节，可以针对抽奖失败进行柔性处理。

如果在抽奖过程中后端系统出现内部错误，导致抽奖没有真实执行，则可以采取两种方案：一是给出明确提示，表明当前系统有问题，请用户间隔一段时间后再试（后端要有告警，及时修复问题）；二是按照未中奖，或者默认的一种奖品进行发放，让用户体验正常。但也要有告警通知，因为此时系统已经处于有问题的状态。

如果奖品库存不足，则有三种方案可供选择：按照未中奖处理；发放次一级奖品；发放默认奖品。

具体方案没有孰优孰劣，根据实际的业务场景选择合适的方案即可。

16.2.4 整体架构设计

针对前面的需求分析和实现方案的设计，我们整合全部的内容来看一下架构全貌。

整体架构如下图所示。

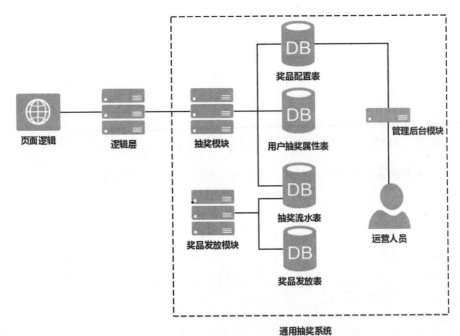

- 抽奖模块负责返回抽奖结果，控制用户抽奖属性表和流水表的数据，读取奖品配置表的数据，并根据中奖结果更新奖品数量；
- 奖品的配置文件通过管理后台进行修改；
- 奖品发放模块通过抽奖流水发放奖品，并把奖品发放结果写入奖品发放表。

抽奖的流程如下图所示。

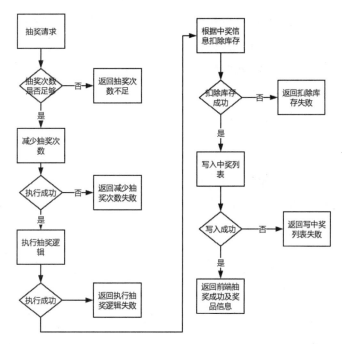

发放奖品的流程如下图所示。

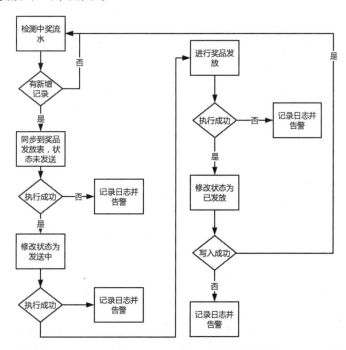

除此之外，为了加强风控和收归权限，还要增加一些规则：所有奖品库存的修改只通过管理后台操作，不能由开发人员操作数据，而且修改库存要经过权限审批等环节，一般由产品经理自助配置进行库存的修改操作。

为了及时发现线上问题，在开发抽奖系统时，对于一些重点逻辑也要进行告警设置。开发人员需要关注以下设置内容。

告警设置

- 奖品剩余库存超过阈值；
- 系统中出现异常操作；
- 没有抽奖次数却可以抽奖；
- 抽奖乐观锁被触发；
- 管理后台输入非法参数；
- 订单 ID 重复被触发等。

如果以上告警被触发，则要尽快查明原因，确认是否有异常或违规操作。

具体活动使用实例

回到最初的需求——制作大转盘抽奖，通用抽奖系统做好后如何接入大转盘抽奖。

接入步骤如下：

（1）该活动的产品经理设定好投放策略，通过管理后台申请活动 ID，然后通过管理后台配置好活动的各项参数。

（2）前端页面实现设计稿中的页面效果，通过抽奖接口和拉取中奖记录接口与后端进行交互。

（3）在中间的业务逻辑层申请好业务活动 ID，每次前端请求过来时，把请求转发给对应的通用服务，把通用服务的结果透传给前端。

（4）活动期间，产品经理定期查看该活动的抽奖数据，制定下一步策略。

16.2.5　案例总结

通过对抽奖活动案例的解析，我们在设计方案时主要注意以下几点。

1. 审视需求

架构师在接到需求的时候，不要进入惯性思维来思考如何实现需求，而是要思考需求是否合理，是否有漏洞和风险。例如，最初的需求设计中并没有考虑活动预算，直接按照表面意思来实现需求是有风险的。

2. 产品思维

架构师要具有产品思维，能够对需求进行预判。对于一个表面看是活动类的需求，能够分析这个需求是否是长期需求，是否有必要实现通用的抽象的方案。如果答案是肯定的，那么接下来再对具体的方案进行抽象。

3. 积极思考

实现一个需求时要想到抽象复用。抽象的时候，对变化的量进行配置，将不变的量固化到逻辑中。针对业务特点，思考避免逻辑漏洞的点，避免因为漏洞导致损失，特别是抽奖类和金钱相关的业务。设计方案时要做好柔性，在用户体验和项目风险之间做好平衡。

16.3　大型案例——短网址服务

16.3.1　需求描述

实现一个供业务使用的短网址服务。

短网址服务：由于互联网 URL 地址的长度有时会很长，在一些传递 URL 地址的场景中，为了让文本的长度可控、简洁，互联网服务提供商会提供短网址服务，即把字符串长度较长的 URL 地址转换为较短的 URL 地址。

常用的场景有：

● 发布微博时自动把长网址转为短网址；
● 电商网站发送的短信通知使用包含短网址的推送。

16.3.2　需求分析

业内已经有比较成熟的实现该需求的方案，所以直接按照业内实现方案的表现形式来描述需求，让开发人员先对需求场景有一个整体了解。

如果需求只有"实现一个供业务使用的短网址服务"一句话，那么对需求的描述是不全面的，因为没有说明使用场景和约束条件。不同的使用场景，设计方案完全不同。这时需要进一步明确需求，了解真实的使用目的。

对于短网址服务，我们可以进行抽象，抽象结果如下：

短网址服务可以分为写和读两部分。

写：用户输入的长网址可以转化为短网址并返回给用户。

短网址的写场景抽象后如下图所示。

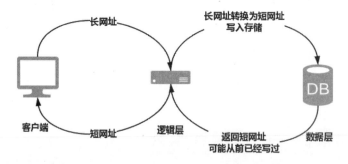

读：用户点击短网址时，系统通过该短网址能够找到对应的长网址，然后进行重定向操作，让用户的浏览器能够打开长网址并访问页面。

短网址的读场景抽象后如下图所示。

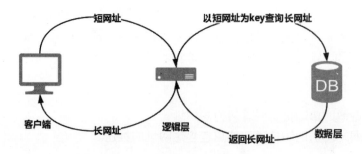

具体实现时需要进一步确定需求。下面模拟了两种需求，不同的需求，实现的要求和难度不同。

下面我们按照两种需求分别设计短网址服务。

16.3.3　需求一：内部使用

1. 需求

短网址应用在公司内部下发短信的场景中，解决短信内容太长的问题。每月发送 3～5 次，每次转换最多十几个长 URL 地址，点选短信的用户一次最多几万人。

相应的长网址是公司活动的链接，短网址只要长度短即可（如果能自定义更好）。而且一般活动有时效性，最长的活动的跨度一般为一年。

2. 分析目标

简化输入长度是一种运营优化类需求，而且不需要实时操作，更多的是一种运营工具的建设。每月需要使用该工具的次数有限，而且即使该工具不可用，也有其他的办法可以保证每月的运营工作正常进行。所以在内部使用需求的场景中，该系统的整体设计，类似于读一个配置文件，对系统的可用性和健壮性要求并没有海量业务那么高，可以用一些成熟组件快速实现相应的功能。

3. 切分与扩展

通过对需求的分析得出，对于写场景，一个月最多转换 50 个长网址，而且转换的长网址的时效性最长为一年，同一时刻有效的 URL 地址不足一千。在计算机程序面前，这种访问量和有效 URL 的数量是非常少的。

写：公司员工输入侧。

由于是内部人员使用写操作，所以长网址缩写为短网址的写操作可以用一个管理后台来实现，底层用数据库存储长短网址之间的映射。

一种可行的数据库设计方案包含四个字段，名字和类型如下：

- Shorturl，字符串属性，最长 6 个字节；
- Longurl，字符串属性，最长 2048 个字节；
- Time，写入时间；
- Isvalid，软删除字段。

其中 Shorturl 字段为唯一值，要对这个字段进行约束，数据表中不能有该字段相同的两行数据。

当员工将长网址转换为短网址时，可以由员工来提供短网址和长网址，短网址可以自定义，只要不超过 6 个字节即可。

如果不提供短网址，则后端默认随机生成一个短网址，然后返回前端转换成功或失败的信息，以及最终对应的短网址是什么。

读：用户点击侧。

由于运营人员手动填写长网址和短网址的关系后才把短信下发给用户，所以一般人工操作大概需要几分钟，在这段时间内可以同步完全部的缓存节点。可以根据用户量来推算使用的缓存空间来满足访问量需求。

在每次数据写入后端数据库的时候同步缓存中的数据。如果前端发现网址不存在主动同步，例如有人构造了不存在的网址，则会访问后端数据库。但这样并不能得到结果，增加了后端数据库的负担。

读的时候是用短网址查找长网址，由于数据量少，用 Redis 的字典即可满足需求。

整体架构如下图所示。

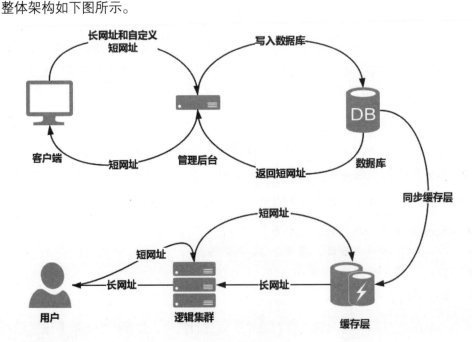

使用现成的组件，一般开发 1~2 天即可实现需求。

4. 主动发现

员工侧监控的重点主要是针对转换网址进行监控：

（1）监控转换网址的总数量。

（2）监控过期时间，如果到了过期时间就提醒运营人员主动删除过期数据。

（3）监控写缓存失败的状态。

（4）记录权限控制和审批环节，用于回溯对账。

用户侧：

（1）监控缓存容量——防止缓存满影响服务。

（2）监控缓存命中率——正常应该完全命中，如果有不命中的情况，则可能发送错链接，或者有黑客攻击，也可能是误删缓存。

（3）针对性能等通用指标进行监控。

5. 自动化

● 　具有自动化测试工具，可以测试接口可用性；
● 　具有临时删除和写入新网址的工具，在用户出错的情况下可以临时增加数据；
● 　具有读取已有网址的工具。

6. 灰度升级

在系统开发之初，可以按照发送短信的方式进行灰度升级，先选取一小部分用户用新的短网址发送短信，然后逐步扩大通知范围，这样可以通过部分用户来获得反馈。

7. 过载保护及负载均衡

过载保护及负载均衡由缓存层实现，本需求在逻辑上暂不涉及。

8. 柔性

如果管理后台临时有问题，则可以通过线上修改数据库，实现新增数据的功能。

因为短网址应用的主要场景就是推广活动，所以当用户侧读取失败时，可以给用户提供一个友好的提示，展示公司活动列表页。当不能正常解析短网址时，用户也能被引导到活动页面。

16.3.4 需求二：大型互联网服务方案

1. 设计需求

设计一个短网址服务，在用户输入内容时，能够把长网址转化为短网址。类似于微博，用户量是亿级别，同时在线数为百万级别。

2. 分析目标

- 服务上亿用户的一个大型项目要保证高可用，否则用户发布内容时会受到影响；
- 保证高性能，因为同一时刻会有很大的访问量；
- 采用分布式设计，用户分布于全国各地，在运维上要保证操作简单、快速。

3. 切分与扩展

1）写场景

和供公司内部使用的短网址服务相比，该需求的外部用户写量比内部用户要大得多。由于短网址是用户输入内容包含长网址的时候自动生成的，所以不需要用户提供短网址，系统自动帮用户生成。有些比较热门的长网址会被多个用户写入。在每次写入长网址之前，要先查看是否写过，如果已经写过，则把之前的结果直接返回。

用户写场景主要分为两个模块。

（1）正排模块。

正排模块：以短网址为索引，存储长网址进行查询的模块。

实现方案

将一个长网址转化成短网址的方式有很多，一般能想到的是做 Hash 处理，通过 Hash 函数，把一个长网址字符串映射为一个短数字，再将短数字转换成短字符串。常见的字符串 Hash 算法有 MD5、BKDRHash、ELFHash 等。

虽然这种方案能够实现短网址的转换，但这种方案也有一些缺点：

- 出现 Hash 冲突——两个不同的长网址映射为相同的短网址。对于如何选择避免冲突的长网址的策略，业内并没有通用的方法。因为可能按策略避免之后，还会再次出现冲突。
- 转换的短网址由长网址运算得出来，难以修改映射关系。每个长网址对应的短网址由字符串的内容决定，如果要修改长网址对应的短网址，则要额外增加新映射关系的对应逻辑。

其实，只要保证不同的长网址能映射为不同的短网址即可。最简单的方式是，每个存储到系统中的长网址都按存入的顺序自增式地分配一个序号，每个唯一的序号对应唯一的短网址。

如果用数据库实现，则需要建立一个表，表中一列是自增序号，另一列是唯一索引的长网址字符串，用数据库来保证序号按顺序自增且不重复。

如何把一个数字转换为短网址呢？也很简单。可以把短网址看作一个 62 进制的数字，并规定短网址固定包含 6 位字符，可以表示 560 亿个（$62^6 = 56,800,235,584$）长网址。每一位的取值包括[a~z][A~Z][0~9]共 62 个字符。0~9 表示数字 0~9，a~z 表示数字 10~35，A~Z 表示数字 36~61。

例如，第 1 个插入系统中的短网址（由长网址转换而来）为 000001，第 61 个插入的短网址为 00000Z。

这个方案保证了不同的长网址不重复，长短网址的映射关系容易修改。

为了让生成的短网址看上去没有规律，我们还可以打乱短网址的数字。例如，把第 1、第 3 字节交换，把第 2、第 4 字节交换等，这样看起来短网址不是按顺序生成的。

长网址转换为短网址的流程如下图所示。

（2）倒排模块。

倒排模块：以长网址为索引，查询对应的短网址模块，用来判断是否转换过长网址。

为了节约存储空间，不可能每次写入长网址时都对应生成一个新的短网址。倒排索引用来查询长网址是否已经生成过短网址，如果已经生成过，则直接返回之前生成的结果。

字符串的比较操作是比较消耗性能的，如果转换为数字操作，则处理速度会快得多。先把长字符串进行"Hash"，转换为一个 8 字节的数字。然后查询这个 8 字节数字是否出现过。如果没有出现过，则说明系统没有写过该长网址。如果出现过，那么再检测该数字对应的长网址是否完全匹配。因为多个长网址的 Hash 值可能相同，所以在倒排模块中，每个"Hash"后的数字对应的长网址不是唯一的。

如下图所示，冲突的网址存储在相同的桶中。

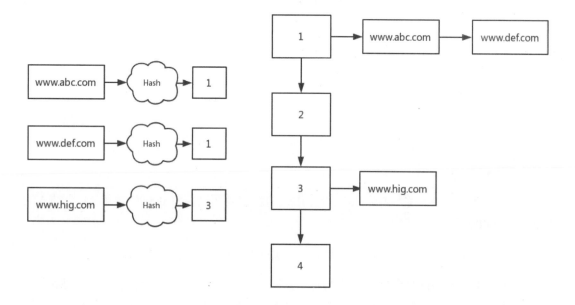

2）读场景

当用户要获取一个短网址对应的长网址时，先把短网址字符串按照 ID 转换的算法进行反向操作，得到对应的 8 位 62 进制整数。利用这个整数，在正排模块中查询对应的长网址。

由于在写场景中已经对长网址转短网址的流程进行了详细的分析，所以在读场景中不再描述长网址转短网址的流程。

读写场景初步的实现架构如下图所示。

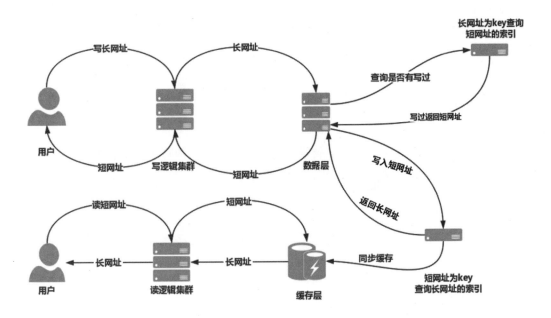

3）其他功能

（1）用户决定是否跳转。

这是业务侧的逻辑，是为了避免用户跳转到危险的外部网站。当发现域名不是业务自身域名时，告知用户将跳转到安全性未知的网站，让用户看到真实网址，决定是否要继续跳转。

（2）安全标记模块。

大多数网站是第三方地址，即使让用户看到真实网址，也很难确定该地址是否安全。我们可以帮用户确定，给用户提示——在后台加上安全逻辑，对已有的网址进行标识，标识是否为安全网址。

对于安全级别为高的页面，前端会直接帮用户跳转；对于安全级别为中的页面，前端会让用户选择；对于安全级别为低的页面，前端会给用户充分的安全提示，用户只能自己打开页面。

（3）倒排存储优化。

在正排索引中会存储长网址的完整内容，在倒排索引中也需要存储长网址的内容。如果要节约存储空间，那么可以只在正排索引中存储长网址的完整内容。在倒排索引中，用长网址对应的短 ID 来代替长网址的完整内容。

优点是节约存储空间，代价是在获取内容时需要再多一次查询操作。

（4）接口扩展。

提供批量接口

因为用户发表内容时可能一次要转换多个长网址，所以读写场景都提供了批量协议。内部接口也需要一次查询多个短网址对应的长网址。

提供删除接口

用户侧不需要该接口，但在运营上，可能要删除一些已经写入的数据。可以用软删除实现逻辑上的删除操作。

（5）数据分析。

对长短网址进行数据分析是非常有意义的——能够找到热点网址，也能够分析网站的流量分布和用户上网喜好。

我们需要设计一个同步模块，每天把系统中的长网址和短网址的访问日志同步给数据分析系统供数据分析师进行数据分析和离线计算。

（6）靓号保留。

一些有拼写意义的短网址是否要保留？如果要保留，则还要构建一个名单，名单中的短网址不进行分配。在每次用长网址写入短网址的时候，都先判断要分配的短网址字符串是否在名单中，如果在，则跳过再分配下一个短网址。

在读写场景中增加安全系统和数据分析系统的实现架构如下图所示。

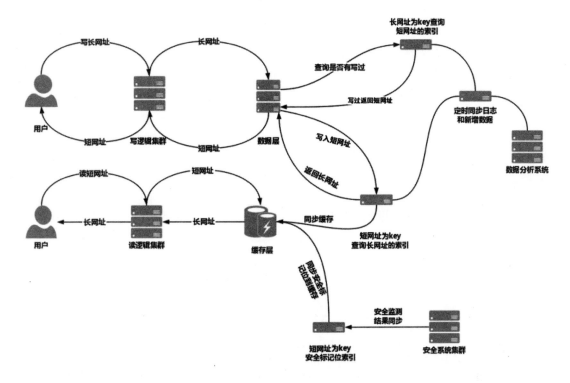

4）扩展

（1）set 化部署。

根据短网址服务的特点，我们可以对其中的进程和模块进行 set 化部署。

进程级别

对于该服务，由于是读多写少，所以在部署同一模块的进程时，可以按照一个写进程对应多个读进程的方式部署。如果 CPU 是八核的，则可以按照 7 : 1 的比例来部署读写进程。写进程负责写本机号段，由于只有一个进程，所以能够保证请求串行，不会发生写冲突。多个读进程可以并发，正好符合读多的场景。

存储级别

对于短网址的存储，如果加入安全标识，则可以把短网址和安全标识位两个模块都放在一个 set 中部署——因为安全标识位就是短网址的一个属性，部署在一起可以提高访问速度，也不用重复路由。

（2）容灾。

由于短网址服务要服务全国多地的用户，所以采用主写从读的方式同步数据，有以下两种部署方式。

方案一：

主集中部署在一个地域，其他地域到主中执行写操作，到所在地域的读副本中执行读操作。

方案二：

每个地方都部署多套写操作的模块，部署的写操作模块只处理本地的写操作和其他地方的读副本，在本地域执行读写请求。

相对来说方案二更好一些，能够保证写的速度。前提是每个地域都提前分配足够的写容量。

不同地域的主备用 Binlog 的方式进行同步。

即使有一个地域的服务不可用，也不会影响其他地域的读写。因为每个地域都负责自己部分的写，如果写出现问题，则只影响本地部分的写操作，其他地域正常。对于读就更容易了，因为每个地方都有全量的读副本，所以一个地域的读出了问题，其他地域是完全没有感知的。

但对于倒排索引模块，不能提前分配长网址，还是采用一个地域主写，其他地域同步的方案。如果有问题，那么主备切换即可。

注意：在倒排索引中可能出现写冲突，可以用乐观锁来避免。而且即使多个短网址对应同一个长网址，在业务逻辑上也不会有问题，只是增加了存储空间而已。

4. 主动发现

由于涉及存储，所以要加强对存储方面的监控，主要查看的内容如下：

- **容量监控**——对于倒排和正排模块的容量，要关注使用率，防止用光存储空间。
- **命中率监控**——倒排命中率监控和正排命中率监控。如果出现大量不命中的情况，特别是读操作没有命中，则要关注是否是同步的问题，或者有人攻击，正常情况下除了第一次写的时候倒排不命中，不应该出现不命中的情况。

- **处理时延和读写量监控**——时延和读写量能够表示系统的性能。
- **安全标记位拦截量监控**——如果安全标记存在大量误杀情况，则通过拦截量的异常发现问题。

5. 自动化

自动测试

运用测试工具保证自动测试顺利进行，每次发布/修改时自动检测系统的正确性。

完善的自动测试能力能够保证系统的稳定性，减少因为系统发布而引入问题的次数。

工具

- 查询某个长域名是否被写过的工具；
- 修改/新增长短域名的工具；
- 修改安全标记位的工具；
- 自动扩容的工具。

以上工具能够满足日常运营的需要，最终要有专门的管理后台来进行具体操作。

6. 过载保护、负载均衡

倒排：以倒排模块计算长网址的 Hash 值为 Key，用一致性 Hash 算法来进行路由。

因为倒排索引字段是 8 字节整数，由长网址"Hash"得来，产生的值是随机和均匀的，没有什么规律，所以不能按照号段放号的方式来进行路由分配。更好的方式是根据整体容量，利用一致性 Hash 来保证机器间均匀分配请求量。

采用主备同步方式，将所有写请求都转到主部署的地方进行处理，所有读请求转到离请求方最近的主或备部署的地方进行处理。

正排：按照号段，根据使用情况放号。

由于正排生成的底层自增数字是可控的，所以我们按照号段来分配路由。当需要扩容的时候，再增加新的号段。

而且正排还有一个特性，那就是写过的数据不会被修改，随着时间的推移，后面都是读操作，可以将不再写的数据改成只读。

安全模块和正排模块在同一 set 中，使用同一套路由。

为什么安全标记位不放到正排存储中，而是单独存储？

因为一个长网址转换为短网址后，长短网址之间的映射关系就不会再修改。但安全标记位可能随时修改，而且安全标记位是一个附属信息，大部分都是默认值，可以按需存储。

7. 灰度升级

日常灰度升级的顺序可以按照正排对应的号段从小到大进行灰度升级，一次只灰度升级部分号段。

如果是写操作，则先灰度升级正排剩余的空间少的号段，然后逐步放大。对于系统中已有的数据，一般不会再修改，灰度升级对这部分数据也没有影响。

每次发布时可以选择按地域灰度的策略，先灰度升级活跃度低的区域，再灰度升级活跃度高的区域。

保证每次灰度升级的影响最小，可以及时回滚。

8. 柔性

安全模块

如果获取安全字段有问题，则认为需要用户判断，把该 URL 定为中性安全级别，让用户自行选择。这样能够尽量减少误判，并且让用户来人工判定长 URL 的安全性。

业务兼容

如果短网址写的部分失败，则可以把链接转换为普通文字放入正文发表，让用户能够正常发文。如果长度超过了限制，则可以给用户友好提示，表示当前不能做地址转换，满足用户基本的发文需求。

倒排部分

如果倒排查询有问题，则认为没有写过该长网址，这时直接去写正排索引，让用户能够正常完成使用长网址转换为短网址的功能。但这样浪费了存储空间，同一个长网址会被生成多个短网址，需要人工介入处理因为多写而占用的存储空间。

9. 长远优化

网址有热度，时间长了可以根据热度重新分配存储空间，热度低的网址放到硬盘中存储，热度高的网址使用缓存存储，减少内存的使用，或者建立缓存来加速访问热点数据。

对于用户写的内容和访问日志进行分析，找出热点内容，同时将这些热点内容包装成推荐类服务。

10. 整体架构

整体架构如下图所示。

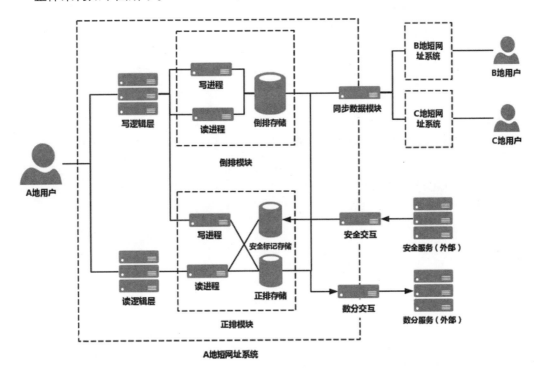

写逻辑层负责把长网址转换为短网址，调用正排模块和倒排模块的写进程，先查询是否有长网址被系统转换，如果有，则直接返回转换过的短网址；如果没有，则先写正排模块得到短网址，再写倒排模块用于去重。最后给用户返回短网址。

读逻辑层负责把短网址转换为长网址，调用正排模块读进程，读取正排存储和安全标记，最后给用户返回长网址。

数分交互进程负责把存储数据同步给数分服务，供外部系统进行数据分析。

与安全服务进行交互的"安全交互"进程负责把安全服务的结果写到安全标记中存储。

同步数据模块负责数据在不同存储地域之间的主从同步，每个地域的用户就近访问该地数据。

16.4　小结

通过对以上几个案例的分析，我们发现同样是互联网业务的系统设计，功能上的相似点并不多，但很多设计思想是相通的——对需求进行评审，针对不同的使用场景选择合适的实现方案。即使同样的系统，在不同的场景中，针对不同的用户访问量，架构设计也有很大的差别。不同的实现方案所消耗的性能和后期维护成本的差别很大，选择最优方案能够让项目快速实现并易于维护。

架构设计的一切都由架构师来负责，一个优秀的架构师能够在工期、资源、实现难度、实现效果等方面进行平衡和充分考虑，最后选择最合适的方案。同时在后期根据业务发展情况保留系统的扩展能力。要做到这些，就需要架构师对需求有完备的理解，多思考，多积累经验，有时还需要一点点灵感，最终才能设计出稳定、健壮、易维护的系统。

反侵权盗版声明

　　电子工业出版社依法对本作品享有专有出版权。任何未经权利人书面许可，复制、销售或通过信息网络传播本作品的行为；歪曲、篡改、剽窃本作品的行为，均违反《中华人民共和国著作权法》，其行为人应承担相应的民事责任和行政责任，构成犯罪的，将被依法追究刑事责任。

　　为了维护市场秩序，保护权利人的合法权益，我社将依法查处和打击侵权盗版的单位和个人。欢迎社会各界人士积极举报侵权盗版行为，本社将奖励举报有功人员，并保证举报人的信息不被泄露。

举报电话：(010)88254396；(010)88258888
传　　真：(010)88254397
E - mail ： dbqq@phei.com.cn
通信地址：北京市万寿路 173 信箱
　　　　　电子工业出版社总编办公室
邮　　编：100036